TRAITÉ

SUR

LA MEILLEURE MANIERE

DE CULTIVER

LA NAVETTE

ET LE COLSAT,

Et d'en extraire une Huile dépouillée de son mauvais goût & de son odeur désagréable.

TRAITÉ

SUR

LA MEILLEURE MANIERE

DE CULTIVER

LA NAVETTE

ET LE COLSAT,

Et d'en extraire une Huile dépouillée de ſon mauvais goût & de ſon odeur déſagréable.

Par l'Auteur du Journal d'Obſervations ſur la Phyſique, ſur l'Hiſtoire Naturelle & ſur les Arts & Métiers.

A PARIS,

Chez R U A U L T, Libraire, rue de la Harpe.

MDCCLXXIV.

Avec Approbation & Permiſſion.

A

MONSIEUR

TRUDAINE,

DE MONTIGNY,

CONSEILLER D'ÉTAT,

INTENDANT DES FINANCES, &c

MONSIEUR,

LES Sciences font le premier or-
nement d'un État. Heureux qui les

a iij

 É P I T R E

cultive , plus heureux encore qui fait comme *Vous les cultiver* , & les protéger !

VOUS les aimez, MONSIEUR, *Vous accueillez avec empreſſement leurs productions ; mais Vous deſirez ſur-tout que l'utilité ſoit le premier but des veilles d'un Ecrivain. Vœu bien digne d'une ame dont toutes les opérations tendent au bonheur des Citoyens !*

L'Agriculture fixe aujourd'hui l'attention du Miniſtère ; le Culti- vateur encouragé n'abandonne plus ſa campagne & trouve dans ſon tra- vail les richeſſes les plus ſolides ;

mais connoît-il encore toutes ses ressources ?

Tâcher d'étendre un genre de culture trop limité, dans nos Provinces ; arrêter la sortie des sommes considérables que nos besoins nous forcent de verser chez l'Étranger ; éclairer l'Agriculteur dans une route nouvelle pour lui ; procurer au Citoyen indigent une branche d'œconomie réelle : telles ont été mes vues en composant cet Ouvrage.

Je serai bien récompensé de mon travail, s'il concourt à faire lever une défense préjudiciable au Commerce. Daignez recevoir cet Ouvrage avec bonté, ce sera pour moi un augure favorable de l'utilité que le Public en retirera.   Je suis avec respect,

MONSIEUR,

Votre trés - humble
& très - obéiffant
Serviteur, l'Abbé
R O Z I E R, Cheva-
lier de l'Eglife de
Lyon, &c.

EXTRAIT

DES REGISTRES

DE L'ACADÉMIE

DES SCIENCES,

Du 26 Mars 1774.

MONSIEUR l'Abbé Rozier a préfenté à l'Académie à la fin de l'année 1771, deux Mémoires fur la culture de l'efpece de Chou nommé COLSAT, fur celle de la NAVETTE, & fur les Moyens d'extraire de leurs femences une huile douce, dépouillée de tout mauvais goût & de toute odeur défagréable.

Nous nous fommes attachés dans le compte que Nous avons rendu de cet

Ouvrage , M. Tillet & moi , le vingt-neuf Janvier 1772 , à mettre la Compagnie à portée de juger de la manière dont l'Auteur avoit rempli le plan qu'il s'étoit proposé : Nous nous contenterons en conséquence de lui rappeller aujourd'hui que cet Ouvrage forme un Traité complet fur la culture du Colfat & de la Navette , que la Méthode enseignée par l'Auteur pour extraire de leurs femences une huile douce & agréable , eſt puiſée dans les meilleurs principes de phyſique & de chymie ; & qu'il eſt d'autant plus probable qu'elle réuſſira en grand , & entre les mains des cultivateurs , qu'elle eſt déjà pratiquée dans nos Provinces méridionales pour la préparation des olives de table : enfin , Nous avons conclu alors que l'Ouvrage de M. l'Abbé Rozier méritoit l'approbation de l'Académie , & d'être imprimé fous fon privilége.

Depuis cette époque , M. l'Abbé Rozier a joint à ces deux Mémoires un

(3)

Avant - propos qu'il a foumis également au jugement de l'Académie , & elle a nommé M. Macquer & moi pour lui en faire le rapport. Cet Avant - propos mérite d'autant plus toute fon attention qu'il roule fur un objet qui pourroit intéreffer le Commerce national & la fanté des Citoyens.

M. l'Abbé Rozier prétend qu'une partie des huiles qui fe vendent à Paris comme huiles d'olive font coupées & altérées par un mélange plus ou moins confidérable d'huile de Pavot , vulgairement appellée *huile d'œillet* ; les expériences fur lefquelles il établit cette affertion nous ont paru affez décifives pour qu'il fût difficile de la révoquer en doute.

Les caufes des manœuvres qui fe font introduites à cet égard dans le commerce, font fuivant M. l'Abbé Rozier ; 1°. La qualité même de l'huile d'œillet qui n'a prefqu'aucun goût , qui fe rapproche en cela beaucoup de l'huile d'olive , & qui

peut être mêlée avec elle fans l'altérer fen-
fiblement ; 2°. Du bas prix auquel il eft
poffible de fe la procurer. 3°. De la proximité des Provinces où elle fe fabrique. 4°. Enfin
de la Loi qui prohibe l'ufage de l'huile
d'œillet pour entrer dans les alimens, prohibition qui empêche les Marchands de la
vendre fous fon véritable nom.

Cette dernière confidération conduit
M. l'Abbé Rozier à quelques réflexions
fur la loi même qui a prononcé la prohibition : il obferve d'abord que cette loi eft
demeurée fans effet puifque malgré les
peines qu'elle à prononcées, le Pavot ne
s'en cultive pas moins librement dans le
Royaume , & que l'huile qu'on tire de
fes femences ne s'en confomme pas moins
dans la capitale ; il va plus loin , & il avance
de plus que cette loi eft fans objet, parce que l'huile de pavot ou d'œillet , loin
d'être narcotique , comme elle l'annonce
dans le préambule , ne contient au contraire rien de nuifible à la fanté. Il in-
voque à cet égard deux Décrets de la Fa-

culté de Médecine de Paris, l'un du vingt-
six Juin 1717 , l'autre du vingt - neuf
Janvier dernier qui décident formellement
la queftion en faveur de l'huile de pavot
ou d'œillet. Ces deux piéces ont d'autant plus de poids dans la queftion, qu'elles fe trouvent conformes au fentiment
unanime de tous les Naturaliftes modernes, qu'elles font juftifiées d'ailleurs par
l'exemple de prefque tous les peuples du
Nord , de ceux des Pays-Bas , de la
Flandre , de l'Alface , du Baujolois , de la
Lorraine & de la Franche-Comté. Dans
tous ces pays , & dans beaucoup d'autres ,
l'huile de pavot eft une des plus en ufage ,
& on n'a jamais reconnu qu'elle produi-
fît de mauvais effets : il paroît prouvé
d'après ces différentes autorités que la
Loi qui prohibe l'huile d'œillet porte
fur une fuppofition qui n'eft pas exacte ,
& Nous fommes à cet égard entiérement
de l'avis de M. l'Abbé Rozier.

Nous fommes bien éloignés de prétendre critiquer par-là une loi fage ; fans doute dans le temps où elle a été rendue , on n'avoit pas vraifemblablement alors des connoiffances auffi précifes de la nature & des effets de l'huile de pavot , & les Magiftrats ont penfé que dans une matière auffi importante il falloit choifir le parti le plus fûr ; mais aujourd'hui qu'il eft prouvé que l'huile de femence de pavot ne contient rien de nuifible à la fanté , qu'elle peut remplacer l'huile d'olive à bien des égards , & qu'elle la remplace en effet dans le commerce fans qu'il exifte aucun moyen de s'y oppofer, la Loi prohibitive loin d'avoir l'objet d'utilité qu'elle a eu en vue , entraîne au contraire différens inconvéniens qui doivent engager à la réformer. Ces inconvéniens font, 1°. de donner lieu à des mélanges contraires à la bonne foi & à la confiance néceffaires dans le commerce , & qui cefferoient de l'être s'ils étoient avoués. 2°. De rallentir une culture intéreffante pour plufieurs Provinces du Royaume. 3°. De laiffer paffer à l'Etranger des fommes confidérables dont il feroit poffible de conferver la plus grande partie en France. 4°. D'occafionner un renchériffement néceffaire dans l'huile d'olive par le défaut d'une autre huile qui puiffe entrer en concurrence avec elle.

L'objet dont M. l'Abé Rozier s'occupe dans l'Avant-propos dont nous venons de rendre compte nous a paru intéreffant relativement à l'objet d'utilité publique qu'il a en vue, & par la faine phyfique qui l'a guidé dans fes recherches , & nous penfons qu'il ne mérite pas moins l'Approbation de l'Académie, que le corps de l'Ouvrage qu'elle a déjà jugé digne de l'impreffion. Fait à l'Académie le vingt-fix Mars mil fept cent foixante - quatorze. *Signés* , LAVOISIER & MACQUER.

Je certifie l'Extrait ci-deffus conforme à fon original,

& au jugement de l'Académie, à Paris le vingt - neuf
Mars 1774.

GRANDJEAN DE FOUCHY, Secrétaire perpétuel de l'Aca.
démie Royale des Sciences.

APPROBATION.

J'AI lu, par l'ordre de Monseigneur le Chancelier, un Ma-
nuscrit, intitulé : *Quelle est la meilleure maniere de cultiver
la Navette & le Colsat , & d'en extraire une huile dépouillée de son mauvais goût & de son odeur désagréable*, par
M. l'Abbé ROZIER. Cet Ouvrage utile, est rempli de vues
neuves, de faits curieux & très-intéressans : & j'estime qu'il
est très-digne de l'impression. A Paris, ce 12 Décembre 1772.
VALMONT DE BOMARE.

AVANT-PROPOS.

AVANT-PROPOS.

Depuis le tems qu'on a la manie d'écrire sur l'Agriculture, personne ne s'est directement occupé des huiles, de leur bonification, de leur conservation; elles forment cependant une branche essentielle de Commerce. Si quelques Auteurs anciens en avoient parlé, on auroit vu nos Agronomes modernes copier leurs ouvrages, les commenter, je dirois même les tourmenter, & donner ensuite le résultat de leurs prétendues expériences, comme une heureuse production de leur génie, & une suite de leurs observations. Telle a été la marche suivie en France depuis près de dix ans, où à peine chaque année a-t-elle servi d'époque à la découverte d'une nouvelle vérité. D'où vient donc cet abus ?

L'envie d'être Auteur a fait prendre la plume à une foule d'Ecrivains qui se font crus Agronomes parce qu'ils ont échafaudé & cousu quelques idées. Une petite portion de terrein préparée comme pour la plantation des renoncules, a été le champ où ils ont fait leurs expériences ; delà, des produits furprenans, des calculs bourfoufflés, des phénomènes admirables : l'enthoufiafme s'en eft mélé, les objets ont été vus au microfcope ; enfin, la terre a dû prodiguer en leur faveur les tréfors qu'elle recèle dans fon fein. Qu'il y a loin de cette riante perfpective à la vérité ! Le vulgaire toujours ami du merveilleux, n'a pas reconnu le piége qu'on lui tendoit ; les fleurs qui le couvroient ont feules frappé fa vue ; il n'a pas tardé à fe repentir de fa trop facile crédulité, à regreter fon tems perdu & fes dépenfes inutiles. Il conclut de-là, qu'il eft impoffible d'améliorer la culture & les procédés de fes Peres ; qu'ils font préférables à ceux qu'on lui préfente, pour n'avoir pas fu diftinguer le bon du défectueux, & l'empoulé du vraifemblable.

Un feconde fource de l'abus vient de ce qu'un Auteur s'échauffe pour un fyftême, qu'il veut y ramener toutes les parties comme à un point central, fans faire attention qu'on ne peut établir aucune règle générale d'Agriculture & que toutes fes loix font fubordonnées au fol, au climat, &c. Ces hommes fyftématiques font des expériences, ils les multiplient, non pour

en tirer une théorie lumineuſe, mais pour con
firmer leur ſyſtême. Paſſe encore ſi les expé
riences qu'ils rapportent, étoient vraies &
fidellement décrites, & s'ils avoient la bonne
foi d'annoncer celles qui y ſont directement
oppoſées ; mais ce ne ſeroit pas leur compte,
ils veulent élever un édifice ſans avoir aupara
vant examiné s'il appuye ſur des fondemens
ſolides. Les apparences en ſont imposantes, &
le bâtiment eſt à peine élevé qu'il s'écroule par
ſon propre poids.

Une troiſieme ſource de l'abus, vient de la
part des Libraires qui commandent un Livre
d'Agriculture ſur tel ou tel ſujet, à peu près
comme un Marchand commet en fabrique une
pièce d'étoffe d'après tel ou tel deſſein ; ou
bien ils font traduire un livre d'Agriculture écrit
en langue étrangère, par des perſonnes qui, à
la vérité en connoiſſent l'idiôme, mais qui,
dans le fait, ne ſauroient pas diſtinguer par la
deſcription, un chou d'une rave, ni le ſeigle
du froment. Comment pouvoir traiter avec in-
telligence les élémens d'un Art, d'une Science
dont on n'a pas les premières notions, & dont
la traduction des mots tecniques eſt ſi embar-
raſſante pour celui qui traduit, lorſqu'il ne con-

noît pas leur valeur pratique ? C'eſt faire un ouvrage à la toiſe, ou un livre à la feuille. Que de faiſeurs de feuilles en ce genre !

Ces abus font rejaillir ſur les véritables Agronomes le ridicule dont tant d'autres ſe font couverts. L'eſpérance publique a été déçue, & tel qui croyoit d'après des promeſſes authentiques retirer mille écus de rente de quatre arpens de terrein, ſe voit avec peine fruſtré de ſon attente, & ne pardonne jamais d'avoir été la dupe d'une douce illuſion qui flattoit ſa cupidité, de ſorte qu'aujourd'hui le peu de bons livres publiés en ce genre, ſont confondus avec cette multitude étonnante de mauvais. Ils ſont mis au même niveau, & on ne les lit plus.

On a établi des cenſeurs royaux pour qu'on n'imprimât aucun livre contraire à la Religion, aux mœurs & à l'Etat. Un bureau de cenſure où les Livres d'Agriculture ſeroient ſoigneuſement examinés, formeroit un établiſſement utile, puiſque l'Agriculture eſt la première richeſſe d'un Royaume. Un mauvais livre ſur cette matière, fait tout le mal poſſible pour le moment, & nuit aux progrès que cette ſcience pourroit faire à l'avenir. On ſe convaincra de cette vérité ſi on jette les

yeux fur les écrits publiés depuis dix ou vingt
ans. Les opinions les plus abfurdes, les plus
contradictoires font annoncées comme réelles,
& étayées de prétendues expériences. Le parti
le plus fage , (foit pour le Traité que je pu-
blie comme pour tous les Ouvrages en ce genre), eft de commencer par douter, enfuite faire
des effais pour s'affurer de la vérité qu'on
avance ; mais on doit apporter pour cet examen un grand fond de connoiffances préliminaires, & la plûpart de ceux qui fe croyent
juges en cette partie , auroient befoin qu'on
examinât leur compétence.

On peut croire l'avis que je donne, parce
qu'ayant commencé un Traité complet d'Agriculture, j'ai vérifié dans la pratique, la majeure
partie de ces faits avancés avec tant d'emphafe,
& comme certains. Chaque article de cet Ouvrage doit être traité féparément comme mes
Mémoires fur les Eaux - de - Vie , fur les
Vins , fur les Huiles de Coffat , &c. J'a-
vois cru trouver auprès des perfonnes puif-
fantes de cette Capitale, des facilités pour con-
tinuer une longue fuite d'expériences fans lefquelles il eft impoffible de flatuer rien de po-
fitif. Aucune conjecture, aucune hypothèfe ne

font admiffibles dans cette fcience qui eft celle des faits. Placets, Requêtes, tout a été employé : on m'a promis beaucoup ; j'attens avec patience l'effet de ces promeffes.

Il manque à ce Traité fur la culture & fur la méthode de perfectionner l'huile de Colfat, deux articles. 1°. La manière d'en préparer un favon dépouillé de fa mauvaife odeur. 2°. Les moyens pour enlever à cette huile, lorfqu'elle brûle, cette fumée épaiffe qui devient infuportable.

En Flandre, & dans les pays où l'on récolte beaucoup de Colfat, on employe cette huile pour la fabrication du favon ; mais le linge pour lequel on s'en eft fervi, conferve une odeur piquante de chou, de forte qu'il doit refter au moins huit ou dix jours expofé à la rofée & au foleil, avant qu'elle foit paffablement diffipée. La cherté du favon de Marfeille, le prix modéré de celui fait avec l'huile de Colfat, ont rendu l'ufage de ce dernier prefque général dans les pays du Nord.

Les ouvriers des villes de Manufactures en foye, comme Lyon, Tours, &c., brûlent dans leurs lampes cette huile, parce que de toutes les huiles, c'eft celle qui coûte le moins.

La flamme en eſt vive, claire, ſoutenue, mais
la fumée qu'elle donne, eſt ſi forte, ſi tenace,
ſi épaiſſe qu'elle ſe raſſemble dans l'air en petits
flocons, & ces flocons retombant ſur l'étoffe
que l'ouvrier travaille, y impriment des taches
ſans nombre, qu'il eſt impoſſible de faire diſpa-
roître. Ces flocons ſont connus ſous le nom
de *Moirées*.

La théorie que je donne pour enlever à la
graine de Colſat & de Navette l'eſprit recteur qu'elle renferme & auquel elle doit l'o-
deur dégoûtante qu'elle imprime à l'huile, ſuf-
fira pour mettre ſur la voie ceux qui eſſaye-
ront de fabriquer du ſavon avec ces huiles. Il
n'en eſt pas tout-à-fait ainſi relativement à la
fumée.

Lorſque les Marchands ne ſont pas fournis
d'huile vieille, ils ajoutent à l'huile nouvelle
les fêces de l'huile ancienne; ils laiſſent enſuite
dépurer ce mêlange, & le vendent lorſqu'il eſt
devenu limpide. Quel eſt le but de cette opération?

Les fêces ſont compoſées du mucilage de
l'huile ancienne; ce mucilage eſt la portion
ſuſceptible de fermentation, & il a déjà
fermenté. Elles agiſſent donc ſur les huiles nou-

velles comme le levain fur la farine, ou comme les fleurs de vin ou la lie le font fur
le moût de vin. Plus les huiles fermentent,
plus ce mucilage fe précipite, & plus le mucilage eft précipité, moins l'huile donne de fumée en brûlant. On doit donc conclure que la
méthode de conferver l'huile pour les apprêts,
confifte à maintenir ce mucilage (1) dans la liqueur, & à le faire précipiter quand on def-
tine l'huile à brûler.

N'y auroit-il pas une manière plus fimple,
plus expéditive, & furtout plus efficace que
celle employée par les Marchands? Elle diminue la fumée, il eft vrai, mais pas encore affez
pour empêcher les moirées : d'ailleurs fon
odeur eft déteftable & fatigue prodigieufement
la poitrine, furtout fi l'appartement eft petit,
ou s'il y a plufieurs lampes allumées dans un
plus grand, ce qui revient au même. Je penfe
en avoir trouvé une qui obvie à tous ces défauts ; cependant comme elle tient encore à
des expériences à répéter, & que je n'aime

---

(1) On ne doit pas prendre à la lettre le confeil que je
donne pour le moment où on fabrique l'huile ; au contraire,
on doit la laiffer depofer quelques jours & la foutirer de deffus le débris du parenchyme de la graine qui reffemble à du
mucilage précipité au fond du vaiffeau.

pas à hazarder des faits, le tems d'en parler n'eſt pas venu. On ne ſçauroit trop inviter les Phyſiciens à s'occuper de cet objet important, il intéreſſe nos plus précieuſes Manufactures, & ſurtout la ſanté de l'ouvrier qui eſt déjà aſſez à plaindre.

Je conviens qu'en hauſſant ou baiſſant plus ou moins la mêche d'une lampe, on peut faire entiérement brûler l'huile ſans donner beaucoup de fumée, ou en en produiſant une grande quantité, mais dans ce moment, il ne s'agit pas des exceptions, on ne doit conſidérer la lampe de l'ouvrier que lorſque la mêche enflammée fournit une lumière ſuffiſante pour ſon travail, & c'eſt préciſément le cas où la fumée eſt incommode.

Les huiles de Colſat & de Navette ne ſont pas les ſeules qui donnent beaucoup de fumée. L'huile d'olive qu'on vend à Paris vingt ſols la livre, a les mêmes défauts, & elle brûle mal, beaucoup plus mal que ces huiles, quoique tout le monde convienne que l'odeur & la fumée de cette dernière doivent être plus legères. Il y a un tour de main qu'il eſt bon de connoître (1). On convient que le Marchand

____

(1) Les Lecteurs pardonneront ſans doûte l'Epiſode dont on va s'occuper à cauſe de l'utilité dont il eſt.

doit avoir un bénéfice honnête fur les objets
de fon Commerce, mais il ne doit pas vendre
au même prix un article pour un autre, ou du
moins mélangé avec un autre d'un prix inférieur.

Il eft de fait que l'huile d'olive fe coagule
en hiver. Les huiles fines d'olive éprouvent
en été cette coagulation, au moins au quatrié-
me dégré du Thermomètre de M. de Réaumur,
(1) au-deffus de la glace ; les huiles fuperfines
d'Aix font coagulées, prefque toute l'année ;
fi on les tient dans des caves, telles, par
exemple, que celles de l'Obfervatoire de Paris,
parce qu'elles y reffentiroient peu les variations
de l'Atmofphère. Les huiles de Provence, de
Languedoc, d'Italie, d'Efpagne, fe coagulent
également au moins au degré deux au-deffus du
terme de la glace, à moins qu'on ne les ait tenues pendant longtems dans une efpèce d'étu-
ve. Alors la perte ou plutôt la précipitation
de leur mucilage rend leur coagulation plus
lente ; mais enfin elles fe coagulent : ainfi cette
coagulation que j'ai indiquée au plus bas &
dont je fixe le terme même à zéro, eft donc un

(1 C'eft toujours de celui-là dont je parlerai, & dont je
me fuis fervi.

point caractériftique pour les huiles d'olive. Ce point de fait eft généralement adopté pour conf- tant par tous les Phyficiens, les Chymiftes, les Fabricateurs & les Marchands d'huile d'olive ; ainfi perfonne ne peut révoquer en doute la généralité de cette affertion.

Ce fait inconteftable une fois établi, on doit conclure affirmativement que lorfqu'on achere l'huile d'olive pendant l'hiver, & que le froid de l'Atmofphère eft au dégré 10, 12, 15. au-deffous de la glace, l'huile d'olive doit de néceffité abfolue être figée, puifqu'elle fe coagule naturellement à quelques degrés au-deffus de la glace. Or fi elle n'eft pas entiére-ment figée, elle eft donc allongée par quelque autre efpèce d'huile qui ne fe fige pas au même degré; cette conféquence eft naturelle. Voyons quelles font les huiles qui peuvent fervir à ce mélange.

L'huile de *Been* eft conftamment coagulée au fixiéme degré au-deffus de la glace ; elle eft douce & fe marie fort bien avec l'huile d'o-live; mais fon prix trop haut ne permet pas que ce mélange foit ufité dans les boutiques pour couper l'huile d'olive. La même raifon empêche le mélange de l'huile d'amandes douces, de noifette, &c. fans parler de la rancidité que la première acquiert en peu de tems.

L'huile de *Navette*, telle qu'on la fabrique actuellement, feroit avantageufe pour les Marchands, relativement à fon bas prix, mais elle ne fe coagule pas au dégré 10 & même au degré 15 au-deffous de la glace : d'ailleurs fon goût âcre & fort, fa couleur faffranée démafqueroient l'artifice.

L'huile de *Colfat* fe coagule en été (1) au dégré 10 au-deffous de la la glace. Son goût de fruit, fa couleur foncée s'oppofent à ce mélange.

Il refte donc l'huile d'*Oeillet* dont la couleur en général, approche beaucoup de celle de l'huile d'olive ; elle eft douce, agréable au goût, & elle a la propriété fingulière d'adoucir les huiles communes de Provence, de Languedoc, &c. En un mot, de les faire prefque exactement reffembler aux huiles d'olive douces & fines. On trouve à celles-ci un goût

____

(1) Je ne l'ai pas obfervée pendant l'hiver ; mais il eft certain que dans l'hiver les huiles étant plus nouvelles & par conféquent ayant encore foiblement éprouvé la fermentation, elles doivent fe coaguler plus aifément, attendu qu'elles ont moins précipité leur mucilage qui eft une caufe de leur coagulation.

de fruit , & au mélange fait avec celle-là , un goût amandé auquel , (excepté les vrais connoiſſeurs) les autres font trompés. Voilà donc une huile excellente pour mixtionner les huiles d'olive communes ; mais elle a un petit défaut qui démaſque la ſupercherie. Cette huile ne ſe coagule point aux froids ordinaires, deforte que ſi le mélange eſt un peu copieux, on ne voit qu'une ſeule partie de l'huile vendue pour *huile d'olive* , éprouver la coagulation. Auſſi les Epiciers en détail , ont grand ſoin , pendant l'hiver , de tenir ces huiles mélangées dans un lieu un peu chaud. On en ſent aiſément le motif.

Je me ſuis procuré des huiles d'olive fines & communes, d'Eſpagne, d'Italie , de Languedoc & de Provence : le 23 Juin 1773 , je les ai ſoumiſes au froid artificiel de 10 & de 11 degrés. Toutes ont été coagulées au 4, 6, 7 , 8ᵉ. degré , mais des huiles achetées le même jour à Paris à 20 , 22 & 24 ſols la livre , aucune n'a pu être figée au degré 10. Il faut encore obſerver pour mieux ſentir la force de cette expérience , que les huiles achetées à Paris ont été tenues dans la glace pilée pendant quatre heures avant de leur faire éprouver le froid artificiel de 10 & 12 degrés. On demande d'où vient donc cette différence entre les huiles marchandes de Paris, avec les huiles tirées en droiture des lieux mêmes. La raison est facile à trouver. *Le goût-amandé* décele le mélange de l'huile d'œillet avec les huiles d'olive, & *la non coagulation* de celles-ci le constate. C'est donc un abus de payer 20, 22, 24 sols, la livre d'un tel mélange. On en jugera par le tarif suivant. J'oserois presque dire que dans les essais de l'huile à 24 s. la livre, j'ai trouvé le mélange beaucoup plus fort.

Prix des Huiles pour l'Année 1773.

Sur les lieux   rendues à Paris,

Huile d'Espagne, 11 s. 6. deniers. . 16 s. 6 d.
Huile commune d'Italie, 11 s. . . . . 16 s.
Huile fine d'Italie, 16 . . . . 1 l. 1 s.
Huile fine d'Aix (1) 21 s. . . . . 1 l. 6 s.
Huile commune de Provence, 13 s. 16 s. 6 d.
Huile commune de Languedoc, 13 s. 16 s. 6 d.

---

(1) Les huiles de Provence & de Languedoc occasionnent plus de frais que les huiles étrangères, on les voiture communément par terre, tandis que celles-ci viennent par mer jusqu'à Rouen, & de Rouen à Paris par la Seine. Les huiles étrangères payent 5 sols par livre, pour frais de voiture, droit d'enlévement, entrée de Paris, droits dus aux Officiers,

Ce tarif qui eſt de la dernière exactitude prouve le gain honnête du Marchand en détail, puiſqu'il a 3 ſols 6 den. de bénéfice par livre , s'il a tiré l'huile en droiture. Il ne peut avoir, il eſt vrai , le même bénéfice s'il eſt obligé de l'acheter à Paris de la ſeconde main ; mais ſi cette huile eſt allongée d'un quart, d'un tiers ou de moitié par l'huile d'œillet qui coûte ſeulement 11 ſols rendue à Paris , le gain eſt trop fort & encore plus fort pour les huiles à 22 & 24 ſols allongées de moitié. Comme les huiles communes d'Italie , d'Eſpagne , & même de Provence & de Languedoc ont un goût fort , vulgairement nommé *goût-de-garde* , & qu'il eſt augmenté par les chaleurs de l'été , le Marchand y remédie , & l'adoucit par le mélange de l'huile d'œillet ; ainſi l'on ſent que plus le *goût-de-garde* , eſt fort , plus le mêlange doit avoir lieu ; ſans quoi ces huiles ne ſeroient pas ſoutenables , ſurtout dans les préparations

---

droits prélevés au profit de la ville de Marſeille , ſur toutes les huiles étrangères qui arrivent dans quelque Port que ce ſoit. Les huiles de Languedoc & de Provence payent quelques droits de moins que celles-là ; c'eſt à dire , que ces droits ſe montent à 3 l. 6 den. , mais comme les frais de voiture ſont peu conſidérables , l'un eſt compenſé par l'autre , & le tout revient à peu-près au même.

qui éprouvent l'action du feu. Alors de deux choses l'une, ou on doit les vendre telles qu'elles font , ou les donner à meilleur marché quand elles font mélangées.

Mon intention n'eft pas d'attaquer perfonne, directement, ni indirectement ; je parle en général , & je ne fpécifie aucun Marchand en particulier. Je voudrois pouvoir paffer fous filence les faits que je cite ; mais animé du défir fincère de concourir au bien général , je ne crains pas de dire : *amicus mihi Cato, fed magis amica veritas.* Telles font les obfervations qu'on peut faire contre quelques Epiciers en détail. Il convient actuellement de plaider leur caufe puifque le Peuple éprouve les défavantages d'une prohibition qui lui eft préjudiciable.

L'huile d'œillet eft profcrite avec la plus grande févérité , parce qu'on l'a préfentée au Magiftrat comme dangereufe & nuifible à la fanté. Un fimple examen fera connoître , ce qu'on doit en croire.

L'huile de Pavot vulgairement nommée huile d'*Oeillette* ou *Oeillet* eft retirée de la *fémence du Pavot des Jardins à fémences noires ou blanches ;* & même dans quelques endroits du *Pavot rouge* ou *Coquelicot ,* ou *Ponceau.* Je trouve l'huile
retirée

retirée de ce dernier encore plus douce que celle du Pavot à femences noires ou blanches. Les Provinces de France où la culture de cette plante eft en plus grande recommendation font celles des Pays-Bas , la Lorraine, la Franche-Comté, l'Alface , &c. On a commencé depuis quelques années à la mettre en pratique dans la Province de Beaujolois , & on peut certainement cultiver avec avantage le Pavot dans toute la France.

L'huile de pavot eft prefque de toutes les huiles connues , celle qui approche le plus de l'huile d'olive , foit par le goût, foit par la couleur , fi elle eft fabriquée avec foin. Elle eft parfaitement douce, fans être fade, & elle n'eft pas fujette à rancir. Le goût en eft agréable, elle fait des falades, des fritures préférables à tous égards à celles faites avec l'huile commune de Provence & de Languedoc, furtout fi les olives n'ont pas acquis une mâturité parfaite. Sa couleur eft brillante, elle s'éclaircit aifément : mélée avec l'huile d'olive , elle corrige fon goût âcre, & lui donne un *goût amandé.* On reconnoît ce mélange par la comparaifon de l'huile de pavot pure, avec l'huile d'olive pure ; & de leur union, réfulte un goût & une couleur mixtes. D'ailleurs si on agite ce mélange, on verra sur la surface des *bulles d'air* , & aucune bulle , si on agite *l'huile d'olive pure.* C'est un fait très-certain.

Les huiles de Colsat, de Navette & d'œillet sont d'un usage général en Allemagne & dans tous les pays du Nord. Les deux premières ne sont pas si fréquemment employées pour l'apprêt des alimens à cause de leur goût âcre, & de leur odeur désagréable desquels je suis parvenu à les dépouiller totalement.

L'huile d'œillet a la préférence, & dans cette majeure partie de l'Europe , on n'y dit pas qu'elle est un poison, qu'elle fait dormir, parce qu'on n'a aucun intérêt personnel à masquer la vérité. En Beaujolois on ignore la loi ; chacun y mange librement l'huile de pavot qu'il a récoltée, & personne ne la trouve pernicieuse.

L'huile d'œillet a été en usage dans tous les tems. Les Romains s'en servoient pour la préparation des gâteaux qu'on mettoit sur table au second service. Ils faisoient une espèce de massepain avec le miel, la farine & la graine de Pavot. Il paroît même que ces mets étoient fort communs , puisque Virgile dans ses Géorgiques , donne pour épithète au Pavot le mot

Vefcum. Tous les Auteurs anciens parlent de la femence de Pavot comme d'une nourriture ordinaire, & pas un Médecin , foit ancien, foit moderne, n'a regardé cette huile comme foporative ou nuifible.

Les gens à préjugés ou les perfonnes intéref-fées à les perpétuer, concluent, que , de ce qu'on prefcrit les têtes de Pavot comme cal-mantes ou narcotiques, l'huilè qu'on retire des femences doit l'être auffi. Quelle logique ! La fleur de violette eft adouciffante ; fa fémence eft diurétique, hydragogue & même émétique ; donc on devroit profcrire la fleur de violette, de tous les cas où il convient d'adoucir ? Ces deux raifonnemens font de la même force. On retire l'Opium du Pavot , donc la fémence de la tête du Pavot eft narcotique ! Autre rai-fonnement des gens intéreffés tout auffi con-cluant que le premier ! Prenez des têtes de Pa-vot dépouillées de leurs femences , faites-en féparément une infufion ou une décoftion, vous verrez que toutes deux produiront le même effet. La vertu fomnifere ne réfide donc point dans la graine ? On a joué fur le mot pour abufer de la confiance du Magiftrat , pour introduire un abus.

b ij

Les efprits fuperficiels , ces hommes qui fe hâtent de juger par analogie & fur les apparences , diront avec enthoufiafme que l'huile tirée des amandes amères , doit être amère : que l'huile exprimée des femences de Coloquinte doit être d'une amertume abominable ; cependant il n'en eft rien : ces huiles font douces & très-douces. Toute analogie entre les femences & la tête de Pavot , n'eft pas plus concluante , & tout raifonnement fera abfurde fi on n'a recours à l'expérience. J'accorde même pour un inftant , que le fuc contenu dans la tête de Pavot foit narcotique , mais ce fuc ne fe mêle point avec l'huile qu'on obtient par expreffion , & il ne peut s'y mêler , puifqu'on recueille les graines en inclinant & fecouant les têtes. D'ailleurs , cette graine eft paffée par différens cribles dont les trous font fi petits , que les débris des capfules , s'il y en a , reftent toujours dans les cribles. Il n'eft pas néceffaire qu'on faffe des loix pour ordonner cette féparation , l'intérêt eft toujours plus vigilant que la loi : une livre du débris des capfules abforberoit dans l'expreffion plus de fix livres d'huile. Or cette perte réelle follicite vivement le Fabricateur à ne pas laiffer les débris de la capsule. Voilà la meilleure loi prohibitive.

Il est tems d'examiner ce qui a donné lieu à l'abus. L'huile d'œillet se fabrique dans nos Provinces Septentrionales. Si le Débitant de Paris s'adresse directement à la Manufacture de ces huiles, il peut en huit à dix jours recevoir à Paris l'huile demandée. A peine eût-on connu cette huile dans la Capitale que le Peuple la préféra avec raison à l'huile d'olive commune. Son goût & son bas prix y concouroient. La facilité de la faire venir en peu de tems, son débit considérable renversoient les spéculations des Marchands en gros d'huile d'olive, parce que le Marchand en détail demandoit à Lille quelques barils d'huile d'œillet pour lesquels on lui faisoit même crédit. L'huile d'olive, au contraire, vient des Pays étrangers, ou de nos Provinces Méridionales; ainsi ceux qui s'occupent de ce commerce doivent pendant longtems faire des avances considérables, & s'en procurer à la fois de grosses parties. De-là un très-petit nombre de Marchands est en état de spéculer sur cet article. La facilité & le gain considérable dans le commerce sont toujours du côté où il y a le plus d'argent, &

fi on jette un coup d'œil fur les Communautés commerçantes, toujours on verra les Marchands les plus riches à leur tête. De-là les plus riches & les plus intéreffés au commerce des huiles d'olive fe font trouvés avoir la régie de leur Corps , & fous le fpécieux prétexte du bien public, ils ont follicité une prohibition qui contribuoit à augmenter & à affurer leur fpéculation & leur fortune (1). Telle a été de point en point la marche fuivie dans cette affaire. On verra bientôt la filiation des loix prohibitives.

Il réfulte de cette prohibition que fur une demi - queue d'huile d'œillet on verfe deux livres d'huile effentielle de thérébentine afin qu'elle ne foit plus mangeable à caufe du goût affreux qu'elle lui communique (2). Il eft

____

(1) La vente libre de l'huile d'œillet ôte à l'Epicier en gros ou du moins diminue confidérablement fon bénéfice fur 7 à 8 millions d'huile d'olive qu'il vend à Paris. Cette feule ville confomme plus de deux mille bottes d'huile , & chaque botte déduction faite du bois pèfe net 1100 livres,

(2 Je pourrois fi je voulois donner ici un procédé pour extraire de l'huile d'œillet , l'huile effentielle de thérébentine qu'on auroit mêlée , enfin diffiper entierement fon goût & fon odeur. Mais il y a déjà affez d'abus , fans apprendre à les multiplier. D'ailleurs la loi fubfifte , & on doit la refpecter jufqu'a ce qu'elle foit abrogée par une loi nouvelle.

vrai qu'on ne fait pas la même opération fur les huiles de Colfat & de Navette, parce que la manière dont elles font actuellement fabriquées, leur goût âcre, & leur odeur rebutante préviennent la prohibition. J'ofe cependant croire que ces mêmes perfonnes intereffées au commerce des huiles d'olive feront tous leurs efforts pour les foumettre à l'opération de l'huile effentielle, fi les Manufacturiers fuivent la méthode que j'indique afin de leur enlever leur goût & leur odeur, méthode qui les dulcifie, les rend mangeables & agréables dans tous les apprêts.

Admettons pour un inftant, contre toute vraifemblance, que l'huile d'œillet foit nuifible à la fanté, quoi qu'aucune expérience ne l'ait démontré, ni ne le démontrera jamais; quel avantage réfulte-t-il de la loi qui la prohibe? aucun. La fraude & la cupidité ont toujours les yeux plus ouverts que la loi. L'huile d'œillet pure entre en cachette à Paris; on l'y mêle en cachette avec l'huile d'olive, & on vend publiquement ce mélange à l'ombre de la loi, parce qu'on eft fenfé ne vendre que *l'huile d'olive pure.* Ainfi la loi en défendant un mal imaginaire, occafionne & fortifie indirectement le monopole. Ceci n'eſt point une idée établie ſur une hypothèſe , mais un point de fait que chacun peut vérifier , s'il en doute.

Doit-on pour cela ſévir contre celui qui vend de l'*huile mixtionnée* ? Non , ſans doute , puiſque ce mélange eſt devenu indiſpenſable. Depuis quelques années le prix des huiles d'olive a ſi prodigieuſement augmenté que le Peuple n'eſt plus à même d'en acheter. L'huile d'olive commune qui eſt vendue vingt ſols , a un goût trop fort ſi elle n'eſt pas mélangée pour ſervir dans les apprêts. Si on deſire de l'huile médiocrement bonne , elle coûte vingt-quatre ſols la livre , l'huile ſuperfine d'Aix revient cette année 1773 , au Marchand de Paris à 28 & 30 ſ. Le Peuple ne peut donc pas faire uſage de celle-ci à cauſe de ſon haut prix , & des huiles communes à cauſe de leur mauvais goût : mais le Débitant qui a beſoin de vendre , qui y eſt obligé pour vivre, & dont le bénéfice eſt toujours relatif à la conſommation , cherche tous les moyens pour pouvoir donner ſa Marchandiſe au plus bas prix. L'acheteur eſt trompé , il eſt vrai, dans le prix, voilà le mal ; mais au moins il mange avec ſatisfaction ce qu'il achéte , ce qui ne ſeroit pas aſſurément ſi on lui vendoit l'huile commune, telle qu'on la reçoit des lieux de ſa fabrication.

Le Peuple Eſpagnol veut que l'huile ſoit âcre, forte, & ſente vivement *la Carde*; le Peuple de Paris au contraire, fuit tout ce qui a un goût dominant, même juſques dans le vin. Les Cabaretiers ſont obligés de couper leurs vins avec d'autre vin, afin d'en diminuer l'â-preté, la verdeur, le goût de terroir, &c. ſans quoi ils ne les vendroient pas. Si on achéte du vin dans les différens cabarets de Paris, ſi on goûte celui que l'on boit aux tables d'hôte, on leur trouvera à tous en général, le même goût, quoique ces vins ſoient récoltés dans des années ou dans des pays différens. Le Public les veut tels, & les Marchands de vin, comme les Marchands d'huile, ſe conforment en ce point au goût des conſommateurs; ils y ſont forcés.

La plus forte preuve qu'on ait fourni con-tre l'huile d'œillet, a été tirée de l'exemple des perſonnes incommodées au retour de la guin-guette, où elles avoient mangé une ſalade faite avec cette huile. Il auroit fallu avant de la condamner, conſtater; 1°. Que cette huile n'étoit pas déjà viciée par elle-même, ou pour avoir été tenue dans des vaiſſeaux de cuivre, &c. &c. 2°. Que l'incommodité provenoit de ſon uſage, & non du vin que l'on vend dans ces ſortes de lieux, &c. &c. Sans ſe livrer à des raiſonnemens inutiles, il vaut mieux demander qu'on procéde à des expériences juridiques, confiées à des perſonnes inſtruites, au-deſſus de tous les ſoupçons, & ſurtout inconnues aux Parties interreſſées à maintenir la prohibition (1). C'eſt le moyen de décider la queſtion ſans retour. Ma voix eſt trop foible pour faire autorité : je m'en rapporte donc au témoignage des gens de l'Art. Je dirai cependant, & je puis atteſter, que j'ai fait un uſage aſſez long de cette huile, qu'elle a été la baſe des apprêts pour pluſieurs journaliers : que ni eux ni moi n'en avons jamais reſſenti la plus légere incommodité ; enfin, que cette huile eſt preſque la ſeule dont le Peuple Flamand, Allemand, Lorrain, Francomtois, Alſacien, &c° ſe ſert pour les ſalades & pour les apprêts. Y

------

(1) Il eſt bien ſurprenant que cette prohibition ait été accordée ſur les ſimples requétes & ſollicitations ou informations des Maitres-Gardes Epiciers C'étoit à la Faculté de Médecine, & non aux Maitres-Gardes à décider ſi cette huile étoit dangereuſe ou non.

a-t-il donc une fi grande différence entre l'eftomac d'un Allemand & celui d'un Parifien ?
Comment fe peut-il que la même huile qui
fert d'aliment à Vienne , à Bruxelles , foit un
poifon à Paris. Elle ne l'eft pas à Strasbourg
où l'on mange & vend cette huile publiquement , & fans qu'elle foit coupée avec l'huile
effentielle de thérébentine. C'eft aux perfonnes
exemptes de préjugés à décider la queftion. On
ne va pas contre des faits.

Il réfulte de cette prohibition , que le Peuple de Paris qui ne peut acheter du beurre à
caufe de fa cherté , eft contraint de payer vingt
fols la livre de mauvaife huile ou du moins de
l'huile mélangée , tandis que fans la prohibition , il auroit pour 13 fols la même quantité
de très-bonne huile. Sur ces 13 fols le Débitant
auroit encore deux fols de bénéfice , puifqu'il
la tireroit en droiture des Manufactures , & il
ne feroit pas obligé d'acheter de la feconde main
comme pour les huiles d'olive ; fans cela l'huile
à vingt fols ne devroit être vendue que 18 f.
Ces deux fols font le bénéfice du Marchand en
gros. C'eft le pauvre Peuple qui fupporte les
frais de ces reventes , & qui eft toujours le
plus mal fervi.

On auroit tort de m'accufer de critiquer la légiflation ; ma foumiffion & mon refpect lui font dus. Je dis fans prétention ce que j'ai vu, ce que l'expérience m'a appris, & je n'ai confidéré que le bien public. Si mes obfervations font juftes, elles produiront infailliblement aux yeux du Magiftrat, la fenfation que je defire ; fi on prouve que j'ai tort, je fuis prêt à faire la rétractation la plus authentique. J'ai voulu être utile, voilà mon but & mon excufe.

Telles étoient les obfervations que j'avois faites, & que je voulois livrer à l'impreffion afin de preffentir l'opinion publique, en attendant que les circonftances me permiffent de publier un Traité fur la culture du Pavot, & fur la meilleure manière d'en fabriquer l'huile, lorfque je fis réflexion que j'attaquois directement des Lettres-Patentes enregiftrées au Parlement ; que j'allois me trouver en butte à un Corps puiffant ; enfin que mon zèle pourroit être taxé de témérité. Dans cette perplexité je me déterminai dans le courant du mois de Juillet 1773, à aller en droiture au Magiftrat, & à mettre fous fes yeux la vérité qu'on avoit mafquée avec tant de foin à fes prédéceffeurs. Monfieur *de Sartine*, toujours occupé de ce qui intéreffe le bien public, écouta mes raisons , en sentit toute la force , & demanda mes observations. Cette affaire exigeoit d'être jugée contradictoirement , & pour cela les Parties devoient être entendues; aussi ce respectable Magistrat communiqua mes Observations aux Maîtres-Gardes du Corps de l'Epicerie; il y répondirent , & je fournis une nouvelle Replique à leur Mémoire.

Il n'est pas inutile de rapporter ici les Objections qui m'ont été faites , & mes Réponses à ces Objections. Ces détails serviront à dissiper les soupçons répandus contre la salubrité de l'huile d'œillet. A cet effet réduisons à trois chefs ces Objections ; 1º. Relativement à la Loi qui défend l'huile d'œillet ou de pavot ; 2º. Au Commerce des huiles. 3º. A la nature de l'huile d'œillet.

OBJECTIONS.	RÉPONSES.
1º. *La Loi.*	1º. *La Loi.*
1º. Les Loix qui défendent la vente de l'huile d'œillet pour aliment ne sont point équivoques; elles doivent servir de Régles.	1o. Si la Loi avoit été équivoque ou nulle, je n'aurois pas été dans le cas d'informer le Magistrat de mes démarches; c'est précisément parce qu'elle est formelle, parce qu'il veille à son exécution que j'ai cru qu'il étoit de mon devoir de soumettre directe-

<table>
<tr><td>

Objection.

</td><td>

Réponse.

</td></tr>
<tr><td>

</td><td>

ment à ſes lumières, mon manuſcrit avant de le livrer à l'impreſſion, afin d'éviter toutes les tracaſſeries qu'on auroit pu me faire, & l'inſtruire d'un abus qu'on a eu grand ſoin de lui cacher.

Il auroit été étonnant que la **Loi** prohibitive accordée uniquement *ſur les Requêtes des Anciens Maîtres-Gardes de l'Epicerie* n'eut pas été la régle de leurs démarches, puiſque depuis 1714, juſqu'en 1754, ils n'ont ceſſé de la ſolliciter; ce qui ſera prouvé ci-après.

Ma conduite eſt donc honnête dans ſon principe & dans ſes conféquences.

</td></tr>
<tr><td>

2°. Le mélange de l'huile d'œillet avec l'huile d'olive a été prohibé dans tous les tems. Il répugne même à la probité & à la fidélité qui doivent être l'ame du Commerce.

</td><td>

20. Je ne penſe pas qu'il y ait jamais eu de Loi pour défendre poſitivement le mélange des huiles en général, à moins qu'on ne vende ce mélange pour être ſpécialement telle huile en particulier. Si on les donne pour ce qu'elles ſont, ſi on ne les vend que ce qu'elles valent, on ne trompe pas le Public & on ne lui fait pas tort. C'eſt donc parce qu'on vendoit ce mélange pour de l'huile d'olive pure que la Loi a ſévi, & on verra bientôt par l'expoſé de cette Loi, que c'étoit ſon véritable but.

</td></tr>
</table>

Objection.	*Réponse.*

Je conviendrai qu'il exifte une Loi qui prohibe aujourd'hui l'huile d'œillet pure; mais je demanderai pourquoi les Gardes en faififfent tous les jours à Paris & en grande quantité, chaque fois qu'ils font leur vifite? Or fi on ne la mélange pas, pourquoi leurs Confreres s'expofent-ils à une amende rigoureufe & à une faifie infamante? C'eft donc pour la mélanger en cachette; & comme l'huile d'œillette eft défendue, c'eft donc pour la couper avec l'huile d'olive, & la vendre en conféquence. Sans ce motif ils ne la feroient pas venir en cachette & par contrebande, & ils ne s'expoferoient pas à des vifites & à des faifies. Voilà qui eft démontré.

3°. L'Ouvrage qu'on veut donner au Public infinue & femble même autorifer ce mélange, fous prétexte de donner un goût amandé aux huiles d'olive communes.

3°. Je dis & je dirai toujours, que l'huile d'œillet adoucit les huiles d'olive communes & fortes, qu'elle leur donne un goût amandé. Je parle d'après l'expérience la plus pofitive. Ce goût amandé, cette dulcification font un point de fait & non une hypothèfe; j'en appelle à l'expérience.

J'approuve le mélange de ces huiles parce qu'il en réfulte un bien; mais il ne faut pas que la bonne foi du Commerce foit

Objection.

Réponse.

violée ni vendre un objet pour un autre , & beaucoup plus cher qu'il ne vaut.

4°. Les Loix prohibitives de l'huile d'œillet font connues ; elles confiftent en Sentences de Police , Arrêts du Parlement, enfin en Lettres-patentes enregiftrées. Tant que ces Réglemens fubfifteront, aucun Auteur ne peut fans témérité les contrarier dans un écrit public.

4°. Si la Loi , les Sentences, les Arrêts ont été accordés fur les Requêtes des Anciens Maîtres-Gardes feulement ; s'ils ont été donnés fur de faux expofés & fur un point dont ils ne pouvoient & ne devoient aucunement décider ; je demande quelle eft la Loi qui défend à un Citoyen honnête d'éclairer le Magiftrat ? Il eft le pere de la grande famille, il écoute avec bonté celui qui, comme lui, s'intéreffe au bien public , & ce pere malgré fon zéle & fa vigilance ne peut pas deviner. Il faut donc l'inftruire, & il demande à l'être. Ainfi toutes les fois qu'un Auteur fe comportera comme je l'ai fait, on ne pourra l'accufer de témérité. C'eft au Magiftrat à juger ma conduite.

5°. Le Magiftrat éclairé à qui cet Ouvrage a été remis ne trouvera-t-il point de danger à répandre dans le public un Ouvrage tendant à mélanger les huiles d'olive avec celles d'œillet ?

5°. Les fophifmes font inutiles dans une caufe où il s'agit des faits, eh quoi encore ... des faits.... des faits. Ce n'eft pas un Ouvrage imprimé qui a appris à couper l'huile d'olive avec l'huile d'œillet. C'eft la cupidité. M. le Lieutenant-Général de Police juge les faits fuivant la Loi, & non fur un Ouvrage imprimé ;

pour

Objection.   *Réponse.*

pourquoi donc en défendre "impreſſion ? Le mélange eſt il exiſtant ? oui il l'eſt ; l'impreſſion ne divulguera donc pas un ſecret, mais elle fera ouvrir les yeux aux Acheteurs.

6°. Et qui promet même par la ſuite des moyens certains pour y réuſſir avec plus de facilité.

6°. Soyons tous de bonne foi, & l'affaire ſera bientôt éclaircie. Conſultez la note de la page XXII. où je m'explique ainſi : *je pourrois, ſi je voulois, donner ici un procédé pour extraire de l'huile d'œillet , l'huile eſſentielle de thérébentine qu'on y auroit mélée , enfin diſſiper entierement ſon goût & ſon odeur ; mais il y a déja aſſez d'abus ſans apprendre à les multiplier encore , d'ailleurs la Loi ſubſiſte , on doit la reſpecter juſqu' à ce qu'elle ſoit abrogée par une Loi nouvelle.* Voilà certainement une manière de penſer & d'écrire qui doit diſſiper les inquiétudes & les allarmes. En outre , je n'ai point d'intérêt particulier puiſque je ne connois pas deux Epiciers à Paris. Mon but eſt de faire le bien pour lui même & d'y trouver ma récompenſe.

2°. *Du Commerce des huiles.*

1°. L'auteur ne raiſonne que par

1°. Que je raiſonne par théorie ou par pratique du commerce

Objection.

théorie du Commerce des huiles.

2°. Il juge des huiles d'olive par la couleur, & elle n'eſt preſque jamais la même. Il ne ſait pas qu'il y en a de blanches, de vertes, de jaunes & de preſque toutes les nuances poſſibles, dans ces deux dernieres couleurs.

3°. Il dit s'être procuré des huiles pures qu'il a fait venir, & il annonce que celles qu'il a achetées à Paris, ne l'étoient pas. Mais où les a-t-il achetées? Il eſt vrai qu'il dit dans la ſuite de ſon Ouvrage, *telles ſont les obſervations*, (il parle des huiles d'o-

Réponſe.

des huiles, peu importe. Ai-je mal raiſonné dans les faits? Je prouverai tout - à - l'heure à mon tour que je ne m'égare pas dans la théorie.

2°. J'ai vu fabriquer les huiles en Provence, en Languedoc; les manipulations d'Italie, d'Eſpagne, & de Portugal ne me ſont pas inconnues, & ſi je n'entre dans aucuns détails ſur les couleurs des huiles d'olive, c'eſt qu'ils m'éloigneroient de mon ſujet, & que je réſerve ces particularités pour un Traité ſur toutes les huiles en général : cependant quelques obſervations que je ferai bientôt, indiqueront aſſez ſi je connois la cauſe des différentes couleurs des huiles.

3°. Les Epiciers de Paris ne m'ont point fourni les huiles qui ont ſervi de piéces de comparaiſon dans mes expériences du huit Juin, & ſi j'ai généraliſé ma propoſition ſur les huiles achetées à Paris, ſans ſpécifier les boutiques où elles ont été priſes, c'eſt que n'ayant en vue que le bien général, je ſerois au deſeſpoir de nuire aux particuliers. Pourquoi donc prendre comme une contradiction ce qui eſt l'effet de la délicateſſe & du ménagement. J'ajouterai que pour l'achat de ces

Objection.

Réponse.

live mélangées aves les huiles d'œillet ,) *qu'on peut faire contre quelque Epiciers en détail.* Pourquoi donc avoir annoncé plus haut que les huiles marchandes de Paris ne font pas fidelles & pures, comme celles qu'il a tirées des lieux mêmes, & déclare enfuite, que ce qu'il dit ne regarde que quelques Epiciers en détail ?

4°. Si l'on veut croire l'Auteur, tous ceux qui exercent le commerce des huiles en gros y font des fortunes immenfes & c'eft le defir d'augmenter & de confolider leur fortune qui les a engagé à préfenter au Magiftrat, l'huile d'œillet comme

huiles à Paris , je ne m'en fuis rapporté qu'à moi-même dans la crainte d'équivoque de la part de mon Laquais ; que j'ai été chez neuf Epiciers pour avoir les huiles de différens prix afin de les comparer entr'elles ; qu'aucune n'a été coagulée par le froid artificiel de dix & de douze degrés... Je laiffe à tirer la conféquence.

4°. Je conviens que cette année (10 Juillet 1773) les Epiciers en gros peuvent perdre fur les huiles parce qu'elles leur reviennent rendues à Paris à feize fols fix deniers fans compter le coulage & le déchet ; le prix exceffif de ces huiles en a empéché la confommation, & ce prix exceffif eft dû à la prohibition de l'Huile d'œillette qui eft la feule huile qui puiffe entrer en concurrence avec les huiles d'olive commune. Ainfi faire lever cette prohibition, c'eft donc rendre fervice au Corps de l'Epicerie. *Mais s'efti-*

| *Objection.* | *Réponse.* |

pernicieufe. On peut lui répondre ; que loin que cette branche foit fi lucrative, elle donne très-fouvent de la perte, & que ceux qui en ont tiré cette année 1773, s'eftimeroient heureux, fi on les en débarraffoit à deux ou trois fols par livre de perte ; & qu'en outre, *il fe trouve dans les Marchands faifis pour la vente de l'huile d'œillet pure, des Marchands en gros faifant le commerce des huiles d'olive.*

5°. Il fuppofe qu'en Flandre, on ne confomme point d'huiles d'olive, parce qu'il ne connoit pas les cargaifons des Navires qui en apportent à Dun-

mer heureux pour ne perdre que *deux ou trois fols par livre*, c'eft beaucoup trop fort. Qui veut trop prouver ne prouve rien.... On convient *qu'il fe trouve dans les Marchands faifis pour la vente de l'huile d'œillette pure des Marchands en gros faifant le commerce d'huile d'olive.* Mais cette huile d'œillette pure eft prohibée ! Qu'en vouloient donc faire les Marchands en gros ? Cet aveu inviteroit à conclure que le mélange fe fait également par les Epiciers en gros, & par les Epiciers en détail.

5°. Je fais, & qui ne fait pas que l'on confomme des huiles d'olive en Flandre, en Allemagne, en Suede, en Ruffie, &c. Il ne s'agit pas ici des exceptions, il faut envifager le peuple dans tous les pays, parce que c'eft lui qui eft le vrai confommateur. Or, fi l'huile d'olive commune revient au marchand, & à Paris, à 16 f.

| Objection. | Réponse. |

kerque. Il en paſſe prodigieuſement à Hambourg, & certainement ces dernieres ſont deſtinées pour l'Allemagne.

6. d. combien cette même huile doit-elle couter à Vienne, à Dreſde, à Berlin ? &c. Peut on dire avec bon ſens, que le peuple qui peut avoir de la bonne huile d'œillet à 8 ſ. payera 24 & 30 ſ. l'huile commune & mauvaiſe ? Il ne faut donc pas parler pour lui des huiles d'olive fines ? Je ſais que l'on conſomme de l'huile d'olive dans les pays du Nord, je ſais encore que l'huile qu'on fabrique en Italie, qui eſt deſtinée pour ce pays, & ſur-tout pour l'Angleterre, eſt une huile à laquelle on fait perdre ſa couleur jaune ou verte, pour lui en faire acquerir une blanche & plus limpide ; c'eſt-à-dire, qu'on la blanchit par un procéde à peu près ſemblable à celui employé pour le blanchiment de la cire.

6°. Il annonce dans ſon Tarif que toutes les huiles de Provence & de Languedoc viennent par terre à Paris ; il peut ſe tromper de neuf dixiémes ſur la totalité.

6°. Encore une fois, je n'ai pas à traiter du commerce des huiles d'olive ; ſi je dis qu'on les fait venir par terre de Provence, du Languedoc, c'eſt uniquement pour indiquer leur prix, après avoir ſupporté les plus grands frais. Quand elles viennent par eau, coutent elles moins ? Donc, les Epiciers ont un bénéfice plus fort que celui que j'ai indiqué, & une perte moins conſidérable que celle qui eſt annoncée.

Objection. *Reponse.*

Il auroit été important de détailler par quels motifs on a demandé la suppression de l'huile d'œillet? & si dans le tems qu'on l'a demandée, l'huile d'olive étoit aussi chere qu'elle l'est aujourd'hui? Enfin, si la concurrence de ces deux huiles ne nuisoit pas à l'intérêt de quelques particuliers? Il est nécessaire, & indispensable dans le cas présent, de connoître exactement l'origine de cette proscription, puisqu'elle forme un préjugé contraire à la vérité, & qu'on s'est acharné à l'augmenter dans l'esprit du peuple; mais pour ne pas interrompre la suite de ces objections, nous nous en occuperons tout-à-l'heure.

3o. *De la nature de l'huile d'œillet.*

1o. L'huile d'œillet est elle narcotique? Lemery à soutenu l'affirmative. M. Baron dans sa Note a pensé qu'il s'étoit trompé.

1°. J'ai la plus grande vénération pour la Doctrine de M. M. *Lemery* & *Baron*; mais j'avoue de bonne foi, que je n'ai pas consulté leurs ouvrages, pour apprendre à connoître l'huile d'œillet; c'est d'après l'analyse, d'après mes expériences, que je parle. Mais puisqu'on cite *Lemery*, je prie de lire son Traité des drogues simples, *Edit.* 1733. p. 653, & on verra précisément le contraire. Qu'on ouvre toutes les Pharmacopées & les matieres médicales connues, & on y trouvera dans

| *Objection.* | *Réponse.* |

Réponse.

le concours unanime des Auteurs la folution de la queftion. Je terminerai cet ouvrage par cette énumération.

2°. L'huile d'œillet eft fécative, c'eft un fait ; mais qu'elle foit la plus fécative, il falloit le prouver ; & quand cela feroit prouvé, on ne pourroit rien en conclure contre fon ufage intérieur. L'huile de noix eft fécative & très-fécative, & même la feule employée pour les couleurs dans la moitié de ce Royaume, du côté du midi ; cependant, c'eft la feule que le peuple d'Auvergne, du Bourbonnois, de Saintonge, du Limoufin, du haut Dauphiné, de la Bourgogne, du Lyonnois, &c. &c. employent pour les fritures, les falades, &c. Les entrailles, l'eftomac de cette multitude d'habitans ne font ni collés, ni defféchés, & il n'eft pas encore venu en idée à perfonne de dire que fon ufage intérieur eft dangereux. Il eft conftant qu'il y a plus des trois quarts du Royaume, qui ne confomment point d'huile d'olive, mais des huiles tirées des femences. Cette vérité eft trop commune pour la prouver, & l'embonpoint du Flamand attefte que fon eftomac n'eft pas defféché par l'ufage de

Objection.

20. Mais l'expérience autorife à regarder l'huile d'œillet comme la plus fécative de toutes les huiles. Cet effet eft fenfible dans la peinture.

<table>
<tr><td>Objection.</td><td>Réponſe.</td></tr>
</table>

l'huile d'œillet, qui a une qualité
fécative. La limaille d'Auvergne fournit plus d'huile de noix
que n'en employent pour leurs
couleurs tous les Peintres de
France & d'Italie ; que devient
donc l'huile de noix faite dans les
autres Généralités ?

3°. L'huile d'œillet
gâte & deſſéche les
laines, l'huile d'oli-
ve au contraire les
adoucit & les rend
plus ſouples.

3°. Il reſulteroit de cette comparaiſon que l'eſtomac humain reſ-
ſemble à la laine. Nous diſons, l'huile ſuperfine d'Aix eſt ſans contredit
l'huile la plus douce & la moins
fécative. Eh bien, parce qu'elle
eſt la plus douce & la moins fécative, elle ne vaut abſolument
rien pour le dégraiſſage des laines? On ſait qu'en Eſpagne, l'huile
rance eſt payée auſſi cher que celle
qui ne l'eſt pas ; parce que cette
huile rance eſt plus recherchée
que l'autre pour le dégraiſſage
des laines, & que ſi elle n'eſt pas
rance, nos Manufacturiers la re-
jettent. Voilà un point de fait, au
moins pour pluſieurs endroits. En
raiſonnant ainſi, on diroit : l'eau
forte adoucit & aſſouplit le poil
de lievre, deſtiné à la fabrication
des chapeaux, mieux que ne le
fait l'huile d'olive ; donc, l'eau
forte eſt moins malfaiſante que
l'huile d'olive. Ce n'eſt pas le cas
d'établir ici pourquoi l'huile d'œillet eſt moins bonne pour le dégraiſſage des laines que l'huile

Objection.	*Réponse.*

Objection.

4o. Envain, l'Auteur tire des inductions de Virgile & de l'Histoire Romaine ; la différénce des terres, des climats, des tempérammens, l'incertitude d'identité de la même plante n'offrent rien de positif ni de constaté.

Réponse.

d'olive, & si on ne peut pas la rendre propre à cet usage.

4°. Qu'on ouvre les Ouvrages de Pline (Romain dont on ne suspectera pas le témoignage) & on verra si le pavot de son pays & de son tems différoit de celui que le célébre M. de Jussieu démontre aujourd'hui au Jardin Royal des Plantes, & si M. de Jussieu tient le même langage que Pline sur ses propriétés ; enfin qu'on consulte les Botanistes anciens & les Botanistes modernes, & on reconnoîtra l'identité de la plante. En outre s'il est vrai, que le transport des plantes du midi au nord, que la culture diminuent l'efficacité des plantes vénéneuses ; le pavot cultivé dans nos Provinces, (dans la supposition qu'il soit narcotique) doit donc l'être beaucoup moins dans ce Pays qu'en Italie.

5o. La qualité sécative dont l'Auteur ne parle pas, est celle qui mérite peut-être le plus d'être examinée.

5°. J'ai déja gagné mon procès aux trois quarts. Cette huile n'est plus narcotique, somnifere, elle ne produit plus les effets de l'opium. Voilà le point essentiel. Je l'admets pour sécative & même plus que l'huile de noix ; que conclure de là ? sinon qu'elle perd un peu plus facilement que les autres huiles une partie de son air surabondant par le mélange & par la cuisson qu'on lui fait éprouver,

Objection.   *Réponse.*

& que ses parties les plus ténues se dissipent ainsi plus aisement. Il ne faut pas prendre le change & s'imaginer que cette huile se desséche dans l'estomac, comme lorsqu'elle est employée avec les couleurs sur le bois ou sur le plâtre. On doit se rappeller, 1°. que l'on ajoûte de la litarge, de la couperose dans l'huile destinée pour les couleurs. 2°. Que cette huile cuit pendant long-tems & à petit feu, que sa portion aqueuse est dissipée en grande partie, & que l'air surabondant qui sort de ces substances pendant qu'elles cuisent, facilite l'évaporation de l'eau. 3°. Que cette huile est mêlée avec les couleurs qui sont terreuses, & dans le plus grand état de siccité ; par conséquent elles s'approprient avidement le peu d'eau contenue dans cette huile. 4°. Que ce mélange est disposé par couches légeres sur le bois sec & sur le plâtre avides d'eau. Ceux qui connoissent le méchanisme de l'estomac & de la digestion, jugeront de la force du raisonnement tiré de la qualité siccative de l'huile d'œillet, s'ils se rappellent surtout ce que nous avons dit des huiles de noix.

60. L'Auteur partisan déclaré du

60. Si j'ai fait la comparaison des Marchands de Vin, j'en ap-

Objection.	Réponse.

mélange accuse tous les Marchands de vin de Paris de couper les vins pour les rendre uniformes au goût du Public, dans les cabarêts & dans les tables d'hôtes ; il en conclud que les Marchands Épiciers doivent couper l'huile d'olive commune avec l'huile d'œillet pour en rendre le goût plus uniforme avec l'huile fine. La comparaison n'est pas juste, parce que tout vin est analogue en ce qu'il vient du raisin, au lieu que l'huile d'olive ne l'est avec aucune huile de fruit, de *semence* ou *de graine*.

7°. Enfin, pourquoi dit l'Auteur, l'huile d'œillet se.

pelle à l'experience. Le fait que j'avance est-il vrai, ou est-il faux, ainsi que le motif du mélange ? C'étoit ce qu'il falloit nier ou affirmer. Quoique tout vin soit fait avec du raisin, il y a presque autant de différence des principes constituans des vins de Bordeaux ou de Bayonne, avec ceux qu'on récolte en Picardie, que de l'huile d'olive à l'huile d'œillet, & moins si l'huile d'olive est commune.

Je ne suis aucunement partisan du mélange ; je dis qu'il vaut mieux de l'huile d'olive coupée & la vendre *pour telle*, que de donner au public de l'huile d'olive commune forte & rance, comme elle l'est ordinairement en été. Le Peuple n'a pas besoin qu'on lui présente pour alimens des substances qui tendant à l'alcalicité, augmentent la putridité de ses humeurs. Cet objet mérite une considération particulière de la part du Magistrat qui veille à la sûreté publique.

7°. Si le Turc n'étoit pas accoutumé à l'opium, & s'il en prenoit pour la première fois, la mé-

Objection.

Réponse.

roit-elle dangereuse à Paris, & ne le seroit-elle pas en Allemagne & dans les Pays Bas? On pourroit lui demander pourquoi la même dose d'opium qui ne fait qu'animer un Turc, donneroit la mort à un François.

me dose agiroit sur son estomac comme sur celui d'un François, & Mithridate résista aux poisons les plus violens pour s'y être trop accoutumé. Je ne suis ni Turc, ni Allemand, mais François ; mes Paysans le sont aussi, eux & moi en avons mangé sans la plus légere incommodité. J'en appelle au témoignage de ceux qui ne sont pas assez riches pour se procurer en droiture de l'huile d'olive de Provence ou de Languedoc, & surtout, à celui des Parisiens qui mange de l'huile d'œillet, croyant manger de l'huile d'olive pure. Ypres, Menin sont dans le voisinage de Lille ; il est donc bien surprenant que l'huile d'œillet soit un aliment dans ces deux villes, tandis que sa qualité narcotique le rend un poison dans cette dernière. Certes ces villes ne sont pas si distantes les unes des autres, que Vienne l'est de Constantinople.

Les Oiseleurs de Paris vendent du pain fait avec la graine de pavot pour nourrir les Rossignols & le prétendu opium renfermé dans ces graines ne fatigue pas leur petit estomac. On donne aux Bœufs, aux Vaches, aux Cochons, le marc qui reste après la pressée des graines ; & si elles contiennent de l'opium, on ne

Objection.   *Réponse.*

peut douter qu'il n'en conferve la majeure partie. Cependant ce marc fait un objet de commerce dans le pays des Manufactures de ces huiles.

8º. Il y a lieu de croire que dans les Pays cités, cette huile n'eft employée que par le menu peuple qui affaifonne fa falade avec très - peu d'huile, & beaucoup de vinaigre ; au lieu que fur les tables & particuliè- rement à Paris on employe très - peu de vinaigre avec beaucoup d'huile. La différence de qua- lité peut produire une difference dans fes effets.

8°. On affecte donc d'ignorer que dans les pays du Nord, il y a peu ou point de vin, ainfi le vinaigre eft fort rare & fort cher ; que dans quelques endroits on eft obligé de le fubftituer avec la crême de tartre. C'eft un fait ; mais comme l'huile d'œillet eft à bon marché, il eft cenfé qu'on doit moins l'épargner que l'huile d'olive à Paris. L'objection con- court à prouver ce que j'avois avancé, que le Parifien n'aime pas les alimens & les boiffons dont le goût eft trop décidé. Il eft donc néceffaire de couper les huiles & les vins pour fe confor- mer à leur goût.

9º. Il faut cepen- dant convenir que l'Auteur eft d'ac- cord de la vérité de deux principes ei-

9º. Quant à la Loi, je fuis Ci- toyen & je me fais gloire de m'y conformer. Quant à la qualité de l'huile, je fais à quoi m'en te- nir ; ainfi lorfque je demande que des Connoiffeurs faffent de nou-

Objection.   *Réponse.*

fentiels , 1o. que la Loi exifte & qu'il faut la refpecter. 2 . Que la qualité d'huile d'œillet doit être examinée par gens connoiſſeurs & défintéreſſés.

velles expériences, c'eft pour que le Magiſtrat acquiere cette certitude réele qu'il reconnoîtra dans les faits que j'avance, mais dont il doit fe convaincre par d'autres voies, puifque je ne puis être juge & partie dans ma propre caufe.

Telles font les Piéces juftificatives, les Objections & les réponfes que Monfieur de Sartine a fait remettre à la fin du mois d'Août 1773 , à M. le Doyen de la Faculté de Médecine pour prendre l'avis de fa Compagnie fur les qualités innocentes ou dangereuſes de cette huile. Nous terminerons cette difcuffion par la réponfe de la Faculté. Remontons actuellement à la fource , & développons la filiation des Loix prohibitives de l'huile d'œillet.

Ce fut environ en 1715 ou 1716 que l'on conçut & répandit des foupçons fur la qualité de cette huile , & il étoit aifé de la faire paroître dangereufe aux yeux du public , dont la crédulité eft toujours en raifon de fon ignorance : *c'eſt du pavot qu'on tire l'opium ; donc cette huile contient un véritable opium :* voilà quel fut le principe de l'erreur. Des plaintes multipliées parvinrent à M. le Lieutenant-Général de Police ; elles paroiſſoient intéreſſer la ſanté du Citoyen ; il n'en fallut pas davantage pour attirer toute ſon attention. En conſéquence il conſulta, en 1717, la Faculté de Médecine. Des Commiſſaires furent nommés ; & le 28 Juin de cette année, en préſence de plus de quarante Docteurs, ils firent l'examen juridique de la nature & de la qualité de l'huile d'œillet. La Faculté, après l'examen le plus ſcrupuleux, répondit au Magiſtrat, *qu'elle ne trouvoit rien de narcotique dans la graine du pavot ; que l'huile qu'on en retire n'eſt ni préjudiciable ni nuiſible.* Mais de peur qu'on nous ſoupçonne d'altérer ou d'affoiblir le texte, voici les propres termes employés par la Faculté, & tels qu'on les lit ſur ſes Regiſtres, *Tome XVIII, 1712 à 1724, p. 150, verſo.*

Die Sabatti 26 Junii 1717, horâ decimâ matutinâ poſt ſacrum, convocati in Scholâ ſuperiore.... deliberaturi ... iiſdem in comitiis de oleo è ſemine papaveris extracto, judicium ratum fuit quod, cum ſenſuiſſent Doctores nihil NARCOTICI aut SANITATI INIMICI in ſe continere, IPSIUS USUM tolerandum eſſe exiſtimarunt ; cujus tamen, ut abuſus precaveretur rem eſſe, ad illuſtriſſimi urbanæ politiæ Proprætorem referendam. Peut-il y avoir une décision plus claire, plus formelle, plus authentique ? Et ce fut sur cette décision, que le 7 Janvier 1718 il survint une Sentence du Châtelet, dans laquelle il est dit :

« Faisant droit sur les conclusions des Gens » du Roi & sur le rapport des Docteurs en Mé- » decine & en Pharmacie, &c. il est ordonné » que tout Marchand Epicier & Apothicaire » Epicier vendant des huiles de pavot dites » d'*œillette*, seront tenus de mettre, tant dans » leur étalage que sur les cruches qui contien- » nent lesdites huiles, des écriteaux indicatifs » en ces termes : *huile de pavot dite d'œillette.* » Il leur est fait très-expresses défenses de vendre » l'huile de pavot pour l'huile d'olive ; pareil- » lement de mêler, de mixtionner & changer » l'huile d'olive avec l'huile de pavot, à peine, » pour la premiere fois de contravention, d'a- » mende de 3000 liv. envers le Roi, de con- » fiscation des huiles, & d'interdiction des » Contrevenans, dont les boutiques seront » aussi-tôt fermées ; & en cas de récidive, de » déchéance de la maîtrise, même de plus gran- » des peines s'il y écheoit. »

Il paroît, par cette Sentence, que l'abus
dont

dont je me plains exiftoit alors , & qu'on cou-
poit les huiles d'olive comme on le fait aujourd'hui. Malgré la punition févere contre les
Mixtionneurs , l'avidité du gain ferma les yeux
fur la jufte rigueur de la loi ; les Mixtionneurs
ne virent qu'un bénéfice exceffif, & ils conti-
nuerent leurs manipulations frauduleufes. Nouvelles plaintes , nouvelle Sentence du Châtelet datée du 11 Mars 1735 , *à la requête des
Maîtres Gardes*, qui ordonne « aux Gardes Epi-
» ciers de meler l'effence de thérébentine dans
» une botte mixtionnée d'huile de pavot faifie
» fur un Marchand , & confifquée au profit
» des Gardes. Ledit mélange d'effence de théré-
» bentine aura lieu, afin que ladite huile ne
» puiffe plus fervir qu'à la peinture. »

Telle a été l'origine de l'addition de l'huile
effentielle de thérébentine. Il eft important de
remarquer que le mélange n'avoit lieu que pour
les huiles déjà mixtionnées ; que depuis 1718 ,
la vente de l'huile d'œillette étoit autorifée par
la loi ; que fon ufage n'étoit pas regardé comme
nuifible ou dangereux; mais que le mélange feulement étoit contraire à la probité & aux loix
du commerce, qui défendoient de vendre un objet pour un autre. On fentira tout-à-l'heure la
péceffité de cette obfervation.   d

Ces Sentences ne suffisoient pas aux desirs de ceux qui demandoient la suppression de l'huile d'œillet. Le 6 Juillet 1742 , survint une Sentence rendue au Châtelet sur la Requête des *Maîtres Gardes Epiciers*, par laquelle, pour prévenir la fraude & la mixtion, « il est ordonné » que toutes les huiles d'œillet seront conduites au bureau des Maîtres Gardes Epiciers; » & que là, en leur présence, pour empêcher » que l'huile d'œillette soit vendue pour l'huile » d'olive, il sera jetté dans chaque baril d'huile » d'œillette une livre d'essence de thérébentine, » pourquoi il sera payé, par chaque Marchand, » dix sols par chaque baril.... La même Sentence ordonne une visite chez tous les Marchands de Paris, fauxbourgs & banlieue, pour » faire pareil mélange d'essence de thérében- » tine. »

Voilà donc l'huile d'œillette pure, totalement défendue, quoique la loi ne la déclare ni mauvaise ni dangereuse : cette loi empêchera-t-elle la mixtion ? Non, sans doute. Les Frelateurs sauront s'y souftraire, ou du moins prévenir ses effets ; c'est aussi ce qui est arrivé : puisqu'à l'occasion de quelques mélanges frauduleux dans la vente du poivre, les Maîtres Gardes obtinrent un Arrêt en date du 13 Avril 1745, où il est fait mention de l'huile d'œillette. (il est vrai, on ne sait trop pourquoi) Cet Arrêt est conçu en ces termes : « Arrêt de la Cour *sur* » *la Requéte des Maîtres Epiciers*, il est ordonné, » 1°. que les Arrêts du 17 & 22 Juin, concer- » nant le poivre, feront exécutés felon leur » forme & teneur : 2°. il est permis aux Maîtres » Gardes de faire visites pour les huiles mélan- » gées avec l'huile de pavot, même pour celles » qui fe trouveront pures & non coupées d'huile » de thérébentine, conformément aux Régle- » mens ; de les faire transporter da s leur bu- » reau ».

On fe rappellera qu'en 1715, les Maî-tres Gardes dénoncerent l'usage de l'huile d'œillette, comme pernicieux ; & que le Dé-cret de la Faculté de 1717, déclara formelle-ment qu'elle ne contenoit rien de nuisible & de dangereux ; qu'en 1718, la Sentence du Châ-telet en autorifa la vente ; que fur les requêtes des Maîtres Gardes Epiciers feulement, font intervenus les Arrêts de 1735, 1742 & 1745 ; que ces Arrêts n'ont jamais déclare ces huiles dangereufes pour la fanté ; mais leur mélange contraire aux loix du commerce, parce qu'on les vendoit pour des huiles d'olive : ainfi les

  AVANT-PROPOS.

Maîtres Gardes n'avoient gagné leur caufe qu'à moitié ; mais le 22 Décembre 1754, parurent des Lettres Patentes, enregiftrées en Parlement le 29 Janvier 1755, dans lefquelles il eft dit : » Sur ce qui nous a été repréfenté que l'huile » de pavot, appellée communément huile d'œil- » let, *ayant été de tout tems reconnue d'un ufage* » *pernicieux*, il avoit été ordonné qu'elle ne » pourroit être débitée dans le commerce, fans » être auparavant gâtée avec l'effence de théré- » bentine ; mais que les foins que l'on a pris » pour procurer l'exécution de ces Réglemens, » ont été éludés foit par le déguifement des » vaiffeaux, foit par les entrepôts de cette mar- » chandife, *ce qui peut caufer des effets extrême-* » *ment dangereux ;* & voulant remédier aux in- » convéniens qui naîtroient du débit fraudu- » leux de ces huiles, & empêcher qu'elle n'en- » trent dans les alimens ; furquoi nous avons » pourvu par l'Arrêt de cejourd'hui, rendu » en notre Confeil d'Etat . . . . Ordonnons, » 1°. qu'à compter du jour de la publication » des préfentes, l'huile de pavot, dite d'œil- » let, fera mélangée avec l'effence de théré- » bentine, dans le moulin même de la fabrica- » tion, en jettant une livre & demie de ladite

» effence dans chaque baril pefant net deux
» cens livres d'huile d'œillet, & à proportion
» dans les vaiffeaux de la plus grande ou petite
» continence, à peine, contre les Maîtres des
» moulins, de cinq cens livres d'amende pour
» chaque contravention, & de confifcation de
» ladite huile. 2°. Défendons aux Vendeurs ou
» Commiffionnaires de fe charger d'huile d'œil-
» let non mélangée en la maniere & proportion
» ci-deffus expliquées, ni de les expédier pour
» quelques lieux de notre Royaume que ce
» puiffe être, fous les mêmes peines ci deffus
» prononcées. 3°. Ordonnons qu'à cet effet les
» lettres de voiture feront fignées par le Ven-
» deur ou Commiffionnaire, & contiendront
» mention expreffe que les huiles envoyées
» font huiles d'œillet gâtées, fans que lefdits
» Vendeurs ou Commiffionnaires puiffent fe
» fervir à cet égard du terme générique d'huile
» de graine ; le tout fous les mêmes peines ci-
» deffus prononcées. 4°. Faifons défenfes aux
» Epiciers, Echopiers, Graiffiers & autres, de
» quelque condition & état qu'ils foient, de
» recevoir & retirer chez eux ou dans leurs ma-
» gafins aucunes huiles de pavot, dites d'œiller,
» qu'elles ne foient mélangées avec ladite ef-

» fence de thérébentine, à peine **contre les**
» contrevenans de cinq cens livres d'amende,
» de deftitution de maîtrife & de confifcation
» defdites huiles. 5°. Ordonnons qu'à l'entrée
» des villes où lefdites huiles font tranfportées,
» elles y feront vifitées au moment de leur ar-
» rivée par les Gardes de l'Epicerie, dans les
» lieux où il s'en trouvera d'établis, ou par les
» Juges ordinaires dans les lieux où il n'y aura
» point de Gardes de l'Epicerie, à l'effet, dans
» le cas de contravention, d'être par eux pro-
» cédé à la faifie defdites huiles. 6°. Les mêmes
» huiles de pavot, dites d'œillet, venant de
» l'étranger fans être mêlées avec l'effence de
» thérébentine, ne pourront être reçues dans
» notre Royaume & délivrées aux perfonnes à
» qui elles auront été adreffées, fans aupara-
» vant avoir été mêlées, ainfi qu'il eft ci-deffus
» ordonné; & ce en préfence des Gardes de
» l'Epicerie dans les lieux où il s'en trouvera
» d'établis, ou des Juges ordinaires des lieux
» dans ceux où il n'y aura point de l'Epicerie.
» Si vous mandons que ces préfentes vous ayez
» à faire regiftrer, & le contenu en icelles exé-
» cuter felon leur forme & teneur. »

Cette rigoureufe prohibition donne lieu à

une queſtion bien naturelle, qui a repréſenté au Souverain que l'uſage de l'huile d'œillet *a été de tout tems reconnu pernicieux , & qu'elle ne peut entrer dans les alimens.* Eſt ce la Faculté de Médecine ? Mais elle ſe trouveroit en contradiction formelle avec ſon Décret du 26 Juin 1717 : la Faculté eſt trop prudente pour ſe compromettre, & elle n'a jamais ſongé à retracter ſon Décret. Ce ſont donc les Maîtres Gardes, qui, préſentant toujours de nouvelles Requêtes, ont expoſé que l'uſage de cette huile *a été reconnu de tout tems pour pernicieux.* On demande encore qui doit décider cette queſtion, ou la Faculté, ou les Maîtres Gardes ? Ceux-ci ſont évidemment incompétens ſur des points de phyſique. Pourquoi donc, depuis 1716 juſqu'en 1754, préſenter Requêtes ſur Requêtes *pour faire déclarer pernicieux l'uſage de cette huile ?*

Il faut encore obſerver que les Lettres-patentes impliquent contradiction avec les Arrêts & les Sentences de 1718, 1735, 1742 & 1745. Il eſt donc évident qu'après s'être trompé ſoi-même, on a ſurpris la religion du Légiſlateur ; & il n'eſt pas moins évident que dans le cas où l'huile d'œillet ſeroit narcotique & nuiſible à la ſanté, la loi ne prévient pas les abus, qu'elle favorife le monopole , puifqu'à Paris on n'en vend pas moins l'huile d'olive coupée avec l'huile d'œillet , & que partout ailleurs que Paris & fes environs , la vente de l'huile d'œillet pure eft publique. Le befoin, dans le cas préfent , l'emporte fur la loi. Tels font les abus qui en réfultent & qui en réfulteront toujours ; mais en voici un autre d'une nature finguliere , & qui mérite l'attention du Gouvernement.

Le mauvais exemple reffemble à la pefte ; il gagne de prohe en proche , & le mal devient irréparable quand on differe d'intercepter la communication. Depuis quelques années les huiles d'olive font montées à un prix fi exceffif, foit à caufe du manque de récolte , foit parce qu'aucune autre huile n'entre en concurrence avec celle-là , foit enfin parce que la confommation en eft augmentée. Cette cherté a fait recourir aux expédiens pour augmenter le bénéfice , en extorquant fur la qualité. Les Marchands d'Italie ont , pendant ces dernieres années , tiré de France & des Pays-Bas Autrichiens des cargaifons entieres d'huile d'œillet , & ils en ont allongé les huiles d'olive qu'ils ont expédiées en France ; deforte qu'une partie de l'huile d'olive venant d'Italie & arrivant à Pa-

ris, eſt dejà mixtionnée. Il réſulte donc de la pro_
hibition de l'huile d'œillet, que nous achetons
aujourd'hui chérement de l'Etranger une huile
défendue, & qu'on lui a vendue à grand
marché. Si on doute de ce que je dis, que l'on
conſulte les regiſtres de la Marine, & que l'on
éprouve les huiles qui viennent du dehors.

L'abus ceſſera du jour que la prohibition
ſera levée ; alors tout ſe remettra au niveau ;
l'huile d'œillet ſera vendue en concurrence
avec les huiles d'olive, & cependant à un
prix inférieur. Cette concurrence fera néceſſairement baiſſer le prix des huiles d'olive,
dans la proportion de quinze à dix-huit ſols la
livre. Cette différence n'offrira plus un bénéfice
aſſez fort pour engager le Marchand de Paris à
faire le mélange des deux huiles, & les Marchands étrangers ſeront obligés, à cauſe des
frais, de payer l'huile d'œillet auſſi cher que
l'huile d'olive. Leur propre intérêt leur interdira
tout mélange, & l'huile d'olive ſera expédiée
pure dans tout le Royaume.

Dès que la culture & la fabrication de l'huile
de pavot n'auront plus d'entraves, la liberté,
un bénéfice honnête & le beſoin, engageront
à multiplier cette plante ; alors plus de dix-

huit millions d'especes que les François portent chaque année en Italie, feront au moins réduits à moitié : voilà donc d'un côté une très-grande économie, & de l'autre une augmentation de bénéfice pour le Cultivateur françois. La levée de la prohibition produira à-la-fois les deux plus grands avantages qu'il foit poffible de defirer.

J'invite le Lecteur à me pardonner fi je réfute encore quelques nouvelles objections ; mais il eft effentiel de diffiper tous les foupçons, puifque c'eft de foupçons en foupçons qu'on eft parvenu à faire défendre l'huile d'œillet.

Ire. Objection. *Pour qu'une huile foit déclarée objet de commerce, il faut auparavant favoir fi elle fe conferve, & c'eft une expérience de deux ou trois années qui doit décider fa durée.* Un Sophifme ne féduit que celui qui veut être trompé. L'huile d'amande douce eft une huile de commerce, tirée fans feu, fans faire chauffer les plaques, & cependant elle rancit trois femaines ou un mois après ; ainfi ce raifonnement porte à faux. Je réponds encore que je fuis affuré, par ma propre expérience, que l'huile de pavot (toutes circonftances d'ailleurs égales) fe conferve au moins trois années fans acquérir

la rancidité ; & j'ajoute affirmativement, étayé
par l'expérience, que de presque toutes les
huiles tirées de semences, c'est celle qui se conserve le plus long-tems. Il ne peut en être de
l'huile d'œillet comme des huiles d'olive. Ici
les spéculations deviennent inutiles ; & les
Marchands de Paris sçachant qu'on la fabrique
presque aux portes de cette ville, n'en tireront
qu'à proportion de la vente, soit pour ne pas
faire une trop forte avance d'argent, soit pour
ne pas payer des intérêts toujours proportion-
nés à la longueur de l'échange du payement ;
ainsi lorsqu'ils tireront des huiles de pavot, ils se
garderont bien de les recevoir si elles sont déjà
rances & viciées. A ces raisonnemens sans ré-
plique, joignons une preuve de fait.

Suppofons que dans les premiers jours du
mois de Janvier 1774, vous entriez dans la
boutique d'un Mixtionneur, & que vous lui
demandiez de l'huile d'olive à vingt-quatre fols
la livre ; vous goûterez cette huile ; vous la
trouverez très-douce, & l'examen vous ap-
prendra, qu'elle est coupée par exemple, d'un
tiers ou par moitié avec l'huile de pavot ; vous
direz, cette huile n'est pas rance quoique l'huile
de pavot qui a servi au mélange doive être ti-

rée à-peu-près depuis quinze mois : en voici la preuve.

A l'époque du premier Janvier 1774, il n'y a pas à Paris une feule piece d'huile d'olive nouvelle. (l'exemple d'une ou deux ne détruit pas la généralité.) L'huile de pavot fe tire ordinairement en Septembre ou Octobre ; ainfi l'huile faite en 1772 a été mêlée à Paris avec l'huile d'olive en Mars, Avril, Mai 1773. Ce mélange a donné, dans les premiers jours de Janvier 1774, environ quinze mois. Cette durée eft donc plus que fuffifante pour que cette huile foit un objet de commerce, furtout lorfqu'elle eft fabriquée près de Paris, & lorfqu'il feroit abfurde pour le Marchand d'en faire venir une plus grande quantité qu'il n'en débite. On fent bien que ce Marchand qui s'eft procuré en cachette de l'huile de pavot, fe hâtera de mélanger fes huiles auffi-tôt après fon arrivée, pour ne pas être à chaque inftant expofé à la vifite des Maîtres Gardes, à l'amende, à la faifie de fon huile ; ce qui porte le plus grand préjudice à fon commerce, parce qu'il perd la confiance du public, fans compter la perte réelle de fa marchandife. On doit donc néceffairement conclure que dès que la nouvelle huile d'olive eft arrivée à Paris, elle eſt auſſi-tôt coupée, & qu'en Janvier 1774, l'huile d'œillet qui a ſervi au mélange, a au moins quinze mois.

II^de. OBJECTION. *Sans le mélange de l'huile d'olive avec l'huile de pavot, cette derniere ne ſe con-ſerveroit pas :* voilà une aſſertion ; mais où en eſt la preuve ? J'en appelle à l'expérience & au témoignage des Fabricateurs, des Marchands, &c.

3me. OBJECTION. *L'huile de pavot ne s'unit pas aux préparations de plomb dans les emplâtres & dans les onguens.* Aſſertion auſſi hazardée que la précédente. M. Vaſſou a fait à l'Hôtel-Dieu de Paris de la très - bonne pommade avec cette huile unie à la litharge, & j'en conſerve pour preuve de ce que j'avance ; mais quand cela ne ſeroit pas, que feroit cet acceſſoire pour le fond ?... C'eſt trop long-tems s'arrêter à refu-ter des objeſtions ; on pourroit croire que je crée des monſtres pour avoir le plaiſir de les combattre ; j'avoue cependant que ce ne ſont pas les ſeules que j'aie eu à détruire.

Juſqu'à préſent j'ai prouvé la bonté de l'huile de pavot par des exemples , des raiſonnemens & des expériences ; mais comme les eſprits in-quiets pourroient encore objeſter l'autorité pré-tendue des Auteurs , parcourons rapidement leurs ouvrages, & mettons le Public à même de les confulter ; ainfi on pourra lire :

La Pharmacopée univerfelle, par M. Lemery. Paris, 1716.

Le Dictionnaire univerfel des drogues fimples, par le même. Paris, 1758.

Le Traité des drogues fimples, par le même. Paris, 1759.

La Pharmacopée de Londres. Paris. p. 258.

La Pharmacopée de Sylvius. Lyon, 1604.

Les Commentaires de Mathiole fur Diofcoride. Lyon, 1655.

L'Introduction à la connoiffance des plantes par M. Gautier. Paris, 1740.

L'Hiftoire des Plantes ufuelles, par M. Chomel. Paris, 1737.

La nouvelle Maifon Ruftique. Paris, 1743.

Le Dictionnaire de L'Hiftoire Naturelle, par M. Valmont de Bomare. Paris, 1764.

Le Dictionnaire Encyclopédique au mot *Pavot.*

La Matiere Médicale de M. Geoffroi au mot *Pavot.* Paris, 1750.

La Matiere Médicale de Cartheufer, traduite & commentée par M. Deleffars.

Rodolphi Vogel, Hiftoria Mat. Medic. Francofurti, 1764.

Pauli Hermani Cynofura Mat. Medicæ. Argehtorati, 1746.

Henrici Crantz Materia Medica & Chirurgica Viennæ 1762.

Difpenfarium Nicolai. Parifiis 1582.

Pharmacopea Wirtembergica. Stugardiæ, 1750.

A ces témoignages ajoutons une Confultation de Médecins & le nouveau Décret de la Faculté de Médecine de Paris.

CONSULTATION.

Sur l'ufage interne de l'Huile de Pavot nommée Huile d'œillet.

Nous fouffignés Docteurs en Médecine de la Faculté de Montpellier, & Aggrégés au College de la ville de Lille en Flandre, fur plufieurs éclairciffemens qui nous ont été demandés, répondons de la maniere fuivante.

1°. Dans un des fauxbourgs de la ville de Lille, une centaine de moulins à vent font employés à extraire trois fortes d'huiles, l'huile de Colfat, l'huile de lin & l'huile de pavot, nommée communément *huile d'œillet.*

Le marc des femences dont on a tiré l'huile dans les moulins, prend une forte de reffemblance à une grande gauffre quarrée. On les nomme *Tourtiaux ;* délayés & cuits dans l'eau, on en fait une nourriture avec laquelle, en hiver, les Fermiers entretiennent leur gros bétail en fort bon état.

La femence de pavot fert d'aliment aux cäilles qui s'en engraiffent, & aux petits oifeaux que l'on tient en cage ; les pigeons en font fort friands.

L'huile d'œillet eft d'une belle couleur prefque limpide ; c'eft-à-dire beaucoup plus blanche que l'huile d'olive. Sa liquidité, fa douceur au goût & fa belle couleur ont engagé de tout tems les Marchands du pays qui vendent ou débitent de l'huile, à en mêler avec l'huile d'olive, furtout avec la commune qui nous vient d'Efpagne, & dont le goût eft défagréable : ces deux huiles mélées forment une forte d'huile qui eft appellée par ceux qui n'en ont pas de connoiffance, *bonne huile d'olive*, pour la diftinguer de celle d'Efpagne qu'on nomme *huile commune*, & de celle de Provence qu'on nomme *huile fine*.

Le profit que faifoient les Marchands Graiffiers les a prefque tous enhardis à faire fecretement ce mélange, fans qu'il en foit réfulté aucun inconvenient. Depuis

Depuis près de 30 ans que nous faifons la Mé-
lecine à Lille , nous n'avons jamais vu ou été
appellés pour traiter aucun accident foporeux,
comateux ou léthargique , dépendant de l'huile
d'œillet : la vigilance de Meffieurs les Magiftrats de cette même ville , touchant la police &
l'attention du College des Médecins de cette
même ville , n'auroient pas manqué de s'oppofer à un pareil abus , s'il en étoit réfulté
quelque malheur.

L'ufage interne de cette huile de pavot a été
prohibé par Ordonnance de Meffieurs , les
Magiftrats de Lille le 30 Janvier 1756. On voit
par le difpofitif que ce n'a été ni par repréfen-
tation du College des Médecins , qui , par fon
inftitut , eft chargé de veiller a la confervation
des habitans , ni par requête préfentée par quelque Particulier du pays , à la charge de cette
huile d'œillet comme étant caufe de quelque
malheur : on y voit ordonné de méler l'effence de thérébentine aux huiles de pavot ; parce
que cela eft ordonné par Arrêt du Confeil du 22
Décembre 1754 , regiftré au Parlement de
Flandre le 16 Mai 1755.

La Cour a défendu de laiffer fortir du moulin
cette huile d'œillet pure , de peur que le débit

de cette huile qui auroit pu entrer dans les alimens ne causât des effets extrêmement dangereux. La Cour n'a fait pareilles défenses que fur
des preuves dont nous n'avons aucune connoiffance ; nous foupçonnons que cela vient de ce
que la tête de pavot étant fomnifere, on aura
conclu que les femences l'étoient auffi.

Nous croyons que les femences de pavot
font émulfives & oléagineufes ; que les émulfions & huiles de ces femences font émollientes,
adouciffantes, calmantes fans être affoupiffan-
tes. On fçait que les différentes parties des plantes ont des vertus différentes. L'expérience a
fait connoître les parties des herbes, des arbrif-
feaux & des arbres qui font d'ufage ; nous con-
noiffons la vertu de certains bois, des racines,
des écorces, des feuilles, des fleurs, des fruits,
des femences, &c. &c. Qui ne fçait pas qu'une
cerife & l'amande, qui eft dans fon noyau, ont
un goût & une vertu différens ? De même la
tête de pavot & fes femences peuvent avoir
une vertu différente, & nous croyons, par
l'expérience que nous en avons, que vérita-
blement la tête de pavot eft affoupiffante, &
que les femences ne le font pas.

La preuve que nous penfons jufte eft démontrée par l'expérience du pays. Malgré la défenſe & l'amende de cinq cens francs & confiſcation des tonneaux d'huile d'œillet portées par l'Ordonnance de 1756, le Pays étranger & la ville, dit-on, ſont ſi fournis d'huile d'œillet, qu'il n'eſt pas poſſible de trouver de l'huile d'olive pure ni d'Eſpagne ni de Provence. Il eſt d'uſage de mêler moitié d'huile d'œillet avec autant d'huile d'olive. Cela eſt aiſé à connoître; l'huile d'olive eſt grainue, & l'huile d'œillet eſt toujours liquide ; de ſorte que l'huile qu'on vend pour l'huile d'olive, n'eſt plus grainue comme autrefois, mais liquide, ou tout au plus épaiſſe.

On aſſure encore que cette huile d'œillet eſt ſi reſſemblante à l'huile d'amande douce, que l'Apoticaire le plus connoiſſeur pourroit y être trompé, & qu'on a employé dans les loocs l'huile d'œillet en place d'huile d'amande douce ſans qu'on ait pu s'en appercevoir & ſans aucun inconvenient.

2°. Le Public eſt encore dans le préjugé que cette huile d'œillet eſt ſomnifere, ſans en avoir aucune preuve, comme il eſt dans la croyance que les bayes de ſureau ſont un poiſon.

3°. La graine qui produit cette huile, c'eſt

celle du pavot blanc & du pavot noir, dont les noms font :

Papaver album : le Pavot blanc.

Voyez-en la figure dans la planche 106 de la Matiere Médicale de M. Geoffroy. Defcription des plantes, &c.

Papaver hortenfe femine albo faturum.

Voyez *Cafpari Bauhini Pinax theatri Botanici Bafiliæ 1671*, *in-4°*. la planche 170.
Voyez Tournefort, planche 237.

Papaver fomniferum.

Voyez Linnæus dans fes efpeces, le n°. 726.

Papaver nigrum : le Pavot noir.

Voyez Matiere Médicale de M. Geoffroy, planche 440.

Papaver hortenfe femine nigro.

Voyez le *Pinax*, planche 170.
Voyez Tournefort, planche 237.
4°. La maniere d'extraire cette huile au mou-lin eft très-fimple. Vers la fin d'Août, lorfque le tems a été favorable, les feuilles des fleurs, c'eft-à-dire les pétales, étant tombees, la tête

de verte qu'elle étoit, étant devenue féche, on arrache ces plantes avec précaution ; on en fecoue la tête dans un drap ; la femence en fort fur le champ ; le refte de la plante fert au Fermier à chauffer le four & à faire bouillir la marmitte.

On expofe les femences pendant quelques jours aux rayons du foleil, & on peut alors, quand elles font bien féches, les envoyer au moulin.

On commence par mettre cette femence dans les *pots* du bloc où tombent fucceffivement les *étampes* du moulin ; réduite en pâte, on la met dans des fachets de toile de chanvre qu'on nomme *marfille* ; la marfille fe met entre deux étoffes de crin qu'ils nomment *drindielles.* On les met à la preffe ; on laiffe tomber *lay* (c'eft une forte de mouton) fur des *coignets* ; ce font des coins de bois ; & l'huile en fort par expreffion, fans avoir rien fait chauffer ; c'eft ce qu'on appelle *huile blanche*, d'œillet ou de pavot.

Fait à Lille ce 16 Septembre 1773.

L'Original eft figné par MM. de Flenne & d'Yffan, Docteurs en Médecine de la Faculté de Montpellier.

 # AVANT-PROPOS.

Extratum è Commentariis Saluberrimæ Facultatis.

Die vigesimá-nená mensis Januarii 1774 , convocati fuere Medici omnes in Scholas Superiores , horá decimá matutiná , Clarissimos Deputatos , qui , regante Urbanæ Politiæ Proprætore æquissimo , Olei ex seminibus papaveris expressi , gallicè HUILE D'ŒILLET, *vulgò dicti , examini præfecti fuerant , referentes audituri. Factá eorum relatione , quá constat.*

1°. Oleum quodcumque ex seminibus papaveris expressum nihil narcotici in se continere.

2°. Oleum idem recens , inter tabellas frigidas , expressum , dulce ad oleum ex amygdalis extractum tum sapore , tum odore propè accedere.

3°. Idem Oleum inter tabellas igne caiefactas extractum , acre fauces irritare , tussimque tamdiù movere , quamdiù hæret faucibus.

4°. Oleum ex his seminibus expressum , quod Insulis ,

Extrait des regiſtres de la Faculté de Médecine.

Le 29 du mois de Janvier 1774, tous les Médecins ont été convoqués , pour se rendre à dix heures du matin dans la Sale supérieure , afin d'entendre le rapport des Commissaires nommés par la Faculté , sur l'examen qu'ils ont fait de l'huile tirée de la sémence de pavot , connue sous le nom d'*Huile d'Œillet*, conformément à la demande de Monsieur le Lieutenant Général de Police. Il résulte de leur raport :

1°. Que quelque huile que ce soit , tirée des sémences de pavot , ne contient en soi rien de narcotique.

2°. Que cette huile récente , & tirée avec des plaques froides , approchoit beaucoup par sa saveur & son odeur de l'huile d'amande.

3°. Que cette même huile, tirée avec des plaques chaudes , avoit un goût acre , s'attachoit au gosier , & provoquoit une toux qui duroit autant que le goût de cette huile.

in Flandriâ advectum, in lagenâ publicanorum sigillo, ut quæcumque præcaveretur adulteratio, munitâ, clarissimis Deputatis, tamquàm exemplar judicandum fuerat comissum, odore, saporeque admodum ingrato, infestum judicatum fuisse.

Auditâ insuper decreti anno 1717 circa idem oleum jam lati, lectione, quod sic se habet.

Extractum è Commentariis Saluberrinæ Facultatis.

Die Sabati vigesimâ-sextâ mensis Junii, anno 1717, de oleo e semine papaveris extracto judicium latum fuit, quod cum censuissent Doctores nihil narcotici aut sanitati inimicè in se continere, ipsius usum tolerandum esse existimarunt, cujus tamen ut abusûs præcaveretur, rem esse ad Urbanæ PolitiæPropraetorem referandam.

Cùm ex observatis pateat Oleum illud ex seminibus papaveris expressum diversi mode adulterari, aut per se corrumpi posse, censuit Facultas standum esse Decreto anno 1717 jam lato, illudque

40. Que de l'huile tirée de ces semences, apportée de Flandre, renfermée dans une bouteille, scellée du cachet des Fermiers, afin d'éviter toute fraude, & remise dans les mains des Commissaires, pour servir d'exemple & de confrontation, s'est trouvée avoir un goût désagréable, une odeur mauvaise, & même dangereuse.

Oui la lecture du Décret de l'an 1717, au sujet de la même huile, en ces termes:

Extrait des Registres de la Faculté de Médecine.

Samedi 26 du mois de Juin 1717, les Docteurs de la Faculté ont jugé que l'huile tirée de la semence de pavot, ne contient rien en soi de narcotique & de contraire à la santé, qu'on pouvoit en tolerer l'usage; mais afin de prévenir les abus, qu'on devoit s'en rapporter à la prudence de Monsieur le Lieutenant Général de Police.

Comme il résulte de ces différentes observations, qu'il est certain que l'huile tirée des semences de pavot, peut se corrompre d'elle-même, ou peut être falsifiée de diffé-

ex omni parte renovandum ac con mandam & ad Urbanæ Politiæ Proprætorem integer anam , pro responso mittendum esse ; & sic conclusi.

L. P. F. R. le THIEUL-LIER, Decanus.

Hoc Decretum lectum fuit coram Facultate, & ab ipsi recognitum, die Sabati duodecimá mensis Februarii , 1774. Le Thieullier, Decanus.

rentes manieres, la Faculté a jugé qu'il falloit s'en tenir au Décret de 1717 ; qu'il falloit le renouveller , le confirmer, & l'envoyer pour réponse à Monsieur le Lieutenant Général de Police. C'est ainsi que j'ai conclu.

L. P. F. R. le THIEUL-LIER , Doyen.

Ce Decret a été lu devant la Faculté , & approuvé Samedi 12 Février 1774.

Le Thieullier, Doyen.

Faisons quelques observations sur ce Décret ; elles sont indispensables pour achever de détruire des craintes adoptées par l'ignorance, entretenues par le préjugé & par l'habitude , ou par ceux qui ont des intérêts réels à les perpétuer.

C'est dans le mois d'Août 1773 , que Monsieur le Lieutenant Général de Police , invita la Faculté à s'occuper sérieusement de l'examen de cette affaire , & à lui rendre compte de sa décision sur la nature de l'huile d'œillet ; c'est enfin le 29 Janvier que la Faculté a prononcé son Decret , & le 12 Février qu'il a été ratifié. Dans le délai de cinq mois employés à multiplier les expériences, à répeter les analyses ; en un mot, à disséquer, si je puis m'exprimer ainfi, chaque partie conftitutive de cette huile, pour favoir fi elle ne receloit aucune fubftance narcotique, il eft conftant que M. M. les Commiffaires de la Faculté, toujours animés & conduits par la vue du bien public, ont eu le tems de méditer & motiver leur rapport; en un mot, il n'y aura plus que ceux qui voudront opiniatrément s'aveugler, qui diront que cette décifion de la Faculté eft furprife, ou qu'elle n'a pas été murement refléchie. Ce Corps éclairé dépofitaire de la fanté du Citoyen, a mis dans cette affaire cette fage lenteur qui préfide à toutes fes opérations.

2°. A la même époque du mois d'Août, M. le Lieutenant Général de Police fit remettre à M. le Doyen de la Faculté, mes premieres Obfervations fur la nature des huiles d'œillet, & fur les mélanges qu'on en fait à Paris avec l'huile d'olive; il lui communiqua également les objections & ma replique à ces objections, afin que les Commiffaires, que nommeroit la Faculté, euffent fous les yeux les inftructions contradictoires : cependant, M. M. les Commiffaires, pour agir avec plus de précifion & de certitude, députerent, au commencement de cette année, un d'entr'eux auprès de M. de

Sartine , pour lui demander quel étoit ftricle-ment l'état de la queftion , fur laquelle il exi-geoit des éclairciffemens. La réponfe du Ma-giftrat fut qu'il les invitoit à prononcer fi cette huile étoit nuifible , ou fi on pouvoit fans dan-ger l'employer dans les alimens.

3°. Sur la fin du mois d'Août, voyant qu'il étoit très-difficile de trouver à Paris de l'huile d'œillet pure , j'offris au Magiftrat celle qui avoit fervi à mes expériences, & qui avoit été tirée dans mon laboratoire ; mais comme on auroit pu fuppofer que je l'avois préparée , je le priai d'avoir la bonté de tirer en droiture de Lille , & de faire venir à fon adreffe une fuffi-fante quantité de graines de pavot , pour que M. M. les Commiffaires de la Faculté fiffent leurs expériences. Cette graine arrivée à Paris , leur a été remife , eux-mêmes en ont fait tirer l'huile fous leurs yeux dans le laboratoire de l'Hôtel-Dieu ; & c'eft fur cette huile qu'ils ont fait & répété un affez grand nombre d'expérien-ces & d'analyfes, pour prononcer enfuite avec la conviction la plus intime.

4°. Toujours perfuadé qu'on devoit rejetter les huiles & les graines que je préfentois , & la Faculté n'ayant pas encore celles dont je viens

de parler , j'écrivis à Lille dans le commencement de cette difcuffion , à un de mes corref-
pondants , pour le prier de m'envoyer une
bouteille de grés pleine d'huile d'œillet ; mais
pour qu'à la barriere de Paris , elle ne fût pas
gâtée fuivant l'ordonnance par l'huile effentielle
de thérebentine , je le chargeai de faire mettre
fur le bouchon le fçeau des Fermiers du Roi
établis à Lille. Le Fermier , fachant la deftina-
tion de cette huile pour Paris , s'eft conformé
aux Lettres Patentes de 1754 , & a mis large-
ment de l'huile de thérebentine dans la bouteille qui m'étoit envoyée Je reçois cette huile
fans être prévenu de la fcrupuleufe rigidité du
Fermier ; plein de confiance , & pour hâter la
décifion de la Faculté, je l'envoie à M. Bercher,
Commiffaire - Rapporteur dans cette affaire ;
elle eft goûtée dans le comité de ces Meffieurs , & trouvée avoir un *mauvais goût , une
odeur défagréable & même dangereufe* , comme il
eft dit n°. 4 du Decret de la Faculté. Si on avoit
fongé à analyfer cette huile , on fe feroit convaincu que le mauvais goût & l'odeur défagréable étoient le refultat du mélange de l'huile
effentielle de thérebentine , & non pas de celui de l'huile d'œillet pure. Dans une affaire

qui intéreſſe ſi particulierement la ſanté du Citoyen, il eſt prudent de vérifier les plus légers
acceſſoires; quelques expériences, une ou deux
analyſes de plus , auroient décidé la queſtion.
On doit néceſſairement ſuppoſer que je ne ſuis
pas aſſez dépourvu de bon ſens , pour préſenter à mes Juges une huile que j'aurois ſu être
mixtionnée ; l'intégrité du ſçeau des Fermes
prouvoit que je n'avois pû la gouter. J'étois
donc dans la bonne foi quand je l'ai préſentée ;
& ſi Meſſieurs les Commiſſaires l'avoient comparée à l'huile d'œillet, tirée entre des plaques
chaudes ou froides , ils auroient vu qu'elle en
differoit eſſentiellement par le goût & par l'o-
deur ; en un mot, qu'elle ne pouvoit ſervir de
piéce de comparaiſon. On peut donc conclure
que ſi la Faculté en fait mention dans ſon Decret , c'eſt ſeulement pour plus grande exactitude , & pour prouver que des objets que le
vulgaire regarderoit comme indifférents , ne le
ſont pas à ſes yeux.

5°. Il eſt dit, n°. 3 du Decret, que l'huile,
tirée entre des plaques échauffées , avoit un
goût acre , s'attachoit au goſier, & provoquoit une toux qui duroit autant que ſubſiſ-
toit le goût de cette huile. La généralité de

cette proposition pourroit induire en erreur ,
il convient donc de rapporter quelques expériences sur les effets des plaques chaudes , parce qu'entre le chaud tiéde & le chaud brûlant,
il y a une infinité de nuances , dont la progres-
sion est sensible sur les huiles. Si M. M. les Commissaires avoient eu la bonté de détailler celles
qu'ils ont faites, elles auroient eu plus de poids
que les miennes ; mais on les répétera fi on
doute de la vérité , quoique fur des points de
faits de pratique , il ne peut y avoir deux senti-
mens. Ce que nous dirons , servira d'instruction
aux Manufacturiers.

La chaleur de l'Atmosphère étant à 10 degrés , & les plaques chauffées au 31e. degré , l'huile exprimée n'avoit aucun mauvais
goût.

Les plaques & le bois de la presse étant chauffés au 53e. degré , n'ont communiqué aucun
mauvais goût à l'huile.

Les plaques & le bois chauffés à 80 degrés ,
un petit goût âcre.

Les plaques & le bois chauffés à 90 degrés ,
goût âcre bien décidé.

Les plaques & le bois chauffés à 104 degrés ,
goût âcre & très-fort.

Il faut remarquer que le petit goût âcre communiqué par 80 degrés de chaleur, n'a duré qu'autant que l'huile a confervé un refte de chaleur communiqué par les plaques & par le bois ; & que cette même huile, goûtée vingt-quatre heures après, & ayant refté expofée à l'air libre, fon petit goût âcre a été diffipé.

L'huile tirée à 90 degrés de chaleur a confervé fon mauvais goût, mais un peu moins fort ; & celle tirée à 104 degrés, l'a entiérement confervé. Ces différentes huiles, agitées pendant quelques momens avec un peu d'efprit de vin, ont perdu fur le champ une partie de leur mauvais goût, à l'exception de la derniere, & l'effet en étoit encore plus fenfible le lendemain.

A ces faits joignons une obfervation. Eft-il à préfumer que le Fabriquant d'huile grille, pour ainfi dire, fa graine, pour avoir le plaifir de donner à l'huile un goût âcre & fort qui l'exclud néceffairement du commerce en qualité d'aliment. Il eft vrai que la chaleur augmente la maffe d'huile qu'on tire de la graine, mais ce que l'huile perd de fa qualité l'emporte de beaucoup fur le bénéfice donné par la plus grande quantité. Ainfi le Fabriquant ne fera pas affez fimple pour altérer fa marchandife & fe préparer une perte certaine. Il faut encore favoir que le Fabriquant tire à froid le plus d'huile qu'il peut de la graine mife en preffe, & que ce n'eft que lorfqu'elle n'en donne plus, qu'il fait travailler les plaques chaudes. La premiere huile fert pour les alimens ; la feconde eft confacrée à la peinture. Il n'eft pas à craindre que les Mixtionneurs d'huile d'olive faffent ufage de cette derniere ; ils font trop clairvoyans fur leur intérêt, pour fe permettre ce mélange.

6°. Meffieurs les Commiffaires firent tirer, dans le mois de Septembre 1773 , l'huile des graines de pavot envoyées par M. de Sartine. Tous trouverent cette *huile très douce & fembla- ble à celle d'amandes*, comme il eft dit dans le Décret au n°. 2. Or cette huile a encore, aujourd'hui premier Mars 1774 , la même douceur, la même fuavité que le premier jour. M. Bercher, auffi cher à fes malades, à fes amis, qu'il eft eftimé dans fon Corps, en conferve qui fournit la preuve de ce que j'avance. Mais fi cette huile s'eft maintenue fix mois entre fes mains, fans la plus légere altération ; fi celle qui eft mélée avec l'huile d'olive fe conferve quinze mois ; fi l'expérience m'a prouvé que cette huile eft gardée dans de bonnes caves (toutes circonftances d'ailleurs égales) pendant trois années au moins ; alors ces expreffions du Décret de la Faculté, *per fe corrumpi poffe*, ne peuvent donc être prifes que dans la généralité ; c'eft-à-dire que cette huile, comme tous les corps, tendent, à la longue, à leur deftruction & à leur corruption ; & lorfque dans ce même Décret il eft dit, *diverfi modi adulterari*, on ne doit entendre autre chofe finon que tant que la Loi prohibitive fubfiftera, on la gâtera avec l'effence de thérébentine, ou on la coupera avec l'huile d'olive, & ces mots ne porte point fur la nature de l'huile d'œillet. Ainfi il eft démontré auffi clair que le jour que cette huile n'eft ni narcotique, ni fomnifère, ni dangereufe, mais qu'elle eft douce, agréable, qu'elle eft un aliment fain, puifque la Faculté confirmant fon Décret de 1717, préfente deux Examens & deux Jugemens dans la même affaire.

T R A I T É

QUELLE EST LA MEILLEURE

MANIÉRE DE CULTIVER LA GRAINE DE CHOU ET DE NAVETTE, ET D'EN TIRER UNE HUILE CAPABLE DE SE CONSERVER DÉPOUILLÉE DU MAUVAIS GOUT ET DE L'ODEUR DÉSAGRÉABLE QU'ON LUI TROUVE ORDINAIREMENT?

J'AI pensé qu'il convenoit mieux de traiter ensemble ces deux sujets, que de parler de chacun en particulier. Mon but a été d'éviter des longueurs & des répétitions fastidieuses, puisque si on desire la perfection, la culture du Colsat doit être la même que celle de la Navette & *vice-versa*. D'ailleurs j'ai répété les mêmes expériences & en même-tems sur les huiles qui en ont été extraites, & leur analogie m'a paru trop exacte pour séparer ces deux

A

individus. L'exposé du problême forme naturellement les divisions de cet Ouvrage : dans la premiere, je traiterai de la culture du Colsat & de la Navette, & dans la seconde, de la meilleure méthode pour en obtenir des huiles parfaites.

PREMIERE PARTIE.

De la culture de la Graine de Colfat & de Navette.

LA nature, toujours attentive à nos befoins, toujours riche & variée dans fes productions, préfente à l'homme différentes plantes dont il peut retirer de l'huile. Elle affigne à chaque climat celles qui lui font propres, je dirois même néceffaires, & le trifte olivier ne fupporte jamais impunément la rigueur des hivers des Provinces Septentrionales, mais elle les dédommage en multipliant chez elles la nombreufe famille des plantes nommées cruciformes par M. Pitton de Tournefort, ou tétra - dynamiques par M. le Chevalier Von - Linnée. Cette famille n'eft pas la feule qui poffede cet avantage. Les femences de pavot, des cucurbitacées, des fruits à pépins, à noyaux donnent la même fubftance. Dans le nombre prodigieux de ces plantes, quelques-unes ont peu de se-mences ; elles font trop difficiles à raf-fembler, leur produit eft moins que rien, ou il a un goût très-défagréable. L'huile que l'on en retireroit ferviroit feu-lement à fatisfaire la curiofité, ou à entrer dans quelques compofitions pharmaceuti-ques, & la dépenfecomparée au produit les rendroit inutiles & toujours onéreufes pour l'économie rurale. Attachons-nous donc à améliorer la culture des plantes qui don-nent de l'huile en abondance, telles que le Colfat & la Navette. La caméline, *myagrum fativum*. L I N, cultivée en Norman-die, & que par altération du nom on y nomme *cammomille*, mériteroit quelque examen, s'il ne nous écartoit pas de notre objet : cependant les moyens pour corriger les huiles de Colfat & de Navette peuvent fervir dans tous les cas pour bonifier celle qu'on retire de la femence de cameline, & de toutes les plantes à fleurs cruciformes.

Dénomina-tions duChou. 1°. *Le Chou* dont la femence eft employée pour faire l'huile eſt vulgairement nomé *Colſat* par les Français, par les Flamands, &c. *Coleſeed* par les Anglois. Pluſieurs Agronomes modernes confondent mal-à-propos cette plante avec celle de *Navette*. Je conviens avec eux que s'ils ſuivent le ſyſtême ſexuel des plantes du célébre Won-Linnée , ils comprendront dans un ſeul & même genre, les Choux & les Raves ſous la dénomination de *Braſſica* ; ce qui ne les excuſe pas, puiſque le Chevalier Won-Linnée les ſépare dans ſes eſpéces. Ils ſont moins pardonnables au contraire, s'ils admettent la méthode de M. Tournefort, puiſqu'il a fait deux genres différens. L'œil du Botaniſte & du vrai Cultivateur eſt à l'abri de pareilles erreurs. Nous diſons donc que le *Colſat* eſt une eſpéce de Chou, 1°. bien diſtincte & ſéparée de la Navette ; 2°. des Choux employés dans nos cuiſines, ou pour la nourriture des beſtiaux, dont les ſemences cependant, donnent également de l'huile,

reur ſur ces dénominations.

mais moins abondamment. Le Chevalier Von-Linnée , fous la dénomination de *Braſſica oleracea* Sᴘ. Pʟ. compte dix variétés que les engrais & le travail de nos Jardiniers ont multiplié à l'infini ; mais pour ſpécifier le *Colſat*, il le nomme *Braſſica campeſtris*, Lœfling le caractériſe par cette phraſe botanique *Braſſica campeſtris perfoliata flore luteo*, & Bauhin , dans ſon Pinax , *Braſſica arvenſis*. Pour éviter toute erreur à l'avenir, & pour qu'on ne le confonde plus avec la Navette, donnons une deſcription exacte & détaillée de ces deux plantes & de toutes les parties qui concourent à les former.

Deſcription du Colſat.

Fʟᴇᴜʀ.

2°. Le calice de la fleur du Colſat eſt diviſé en quatre folioles épaiſſes , droites , lancéolées, preſque creuſées en goutieres dans l'intérieur , & renflées à leur baſe. La fleur renfermée à ſa baſe par le calice , eſt compoſée de quatre pétales diſpoſés en croix ; ils ſont le plus communément de couleur jaune ; nous avons une variété connue fous le nom de *Colfat blanc*, quelquefois cultivée en Flandres , en Suiffe, &c. Les pétales font prefque ovoides, planes, ouverts, horifontalement couchés fur l'extrémité du calice depuis l'inftant de leur épanouiffement, & fe terminent enfin par un onglet de la longueur du calice. On apperçoit diftinctement au milieu de ces quatre pétales, fix étamines en formes d'aléne, dont quatre plus longues, & deux plus courtes, ayant chacun un nectaire à leur bafe.

Le piftil placé au milieu des étamines FRUIT.
fe change en une filique longue, prefque cylindrique, légérement applatie fur fes côtés dont le fommet eft cylindrique & pointu. Les femences font menues, noires, rondes & rangées de chaque côté de la cloifon.

On remarque fucceffivement dans cette FEUILLES.
plante trois différentes efpéces de feuilles ; fçavoir les *Séminales* , les *Radicales* & les *Caulinaires*.

Feuilles séminales.

Les feuilles *Séminales* ou *Cotyledon*, font en forme de Rein, un peu échancrées dans le milieu, & elles ne fubfiftent plus dès que la plante a pouffé fes premières feuilles.

Feuilles radicales

Les *Radicales* leur fuccedent, & elles font portées par un *Pétiole* ou queue, long, charnu, quelquefois creufé en goutiere à fa partie intérieure, l'extérieure eft arrondie. Ces feuilles font légérement décourantes à l'extrémité du pétiole, prefque rondes à leur fommet, légérement finuées, & les finus obtus, quelquefois paraboliques. Le petiole eft chargé d'oreillettes ou parcelles de la feuille, éloignées les unes des autres, & de grandeurs & de formes inégales. Elles varient finguliérement en ces deux points. Les feuilles radicales font entiérement liffes, douces au toucher, leur couleur approche de celle du verd de mer : en un mot, elles reffemblent à celles du Chou employé dans nos cuifines quand il n'a encore pouffé que fix à huit feuilles.

Les *Caulinaires* ou feuilles des tiges sont très-entieres, faites en forme de cœur allongé par la pointe, embraffant la tige par leur bafe, & prefque perfeuillées. Je n'en ai trouvé aucune parfaitement perfeuillée dans le pays où j'écris, quoique Lœfling les nomme *perfoliata*. La culture, le climat peuvent occafionner ces variétés. Feuilles caulinaires.

Les *feuilles du Colfat froid*, font en général plus fortes & plus épaiffes que celles du Colfat dont nous parlons, & du *Colfat blanc*. Nous examinerons ces variétés en traitant de leur culture. Différence des feuilles du Colfat froid & du Colfat blanc.

La *Racine* eft pivotante, menue, fibreufe. RACINE.

Le *Port* ou *facies Propria*. La plante venue fans culture & naturellement, s'éléve perpendiculairement, depuis un, jufqu'à un pied & demi de hauteur, & celle qui eft cultivée fuivant les régles, depuis quatre jufqu'à cinq, & même plus, La *Tige* fe divife à fon fommet en un grand nombre de rameaux placés alternativement PORT.

& en maniere de spirale, recouvert par une feuille dans l'endroit de leur insertion à la tige. Les fleurs naissent successivement au sommet des tiges, s'éloignant les unes des autres à mesure que la tige croit, & s'allonge en pyramide. La silique ordinairement jaunâtre, est quelquefois rougeâtre dans sa maturité, couleur qu'on ne peut attribuer qu'à l'impression occasionnée par des rosées froides suivies d'un soleil ardent.

Différence de la Navette avec le Colsat.

3°. La *Navette* connue sous la dénomination générale de *Brassica napus*, est la plante originale d'où sont provenues les différentes variétés de *Navets* cultivés dans nos jardins, que M. le Chevalier Von-Linnée à regardé avec raison comme des variétés, & qu'il désigne par ces mots *Brassica napus* β *sativa*. La Navette est le vrai *Napus sylvestris* de Bauhin, le *Napus* de Dodœns. Sa racine est menue, fibreuse, tandis que celle des Navets de nos Jardins est charnue, grosse, allongée en manière de fuseau. Sa figure a fait appeller les racines des plantes qui lui font analogues, *Racines napiformes* ; figure & groffeur qui ne font dues qu'à la culture.

Le calice de la fleur de la Navette eft plus ouvert que celui du Colfat, & il approche beaucoup de celui des moutardes. La fleur eft en tout femblable pour la forme à celle du Colfat, & elle varie du jaune au violet & au blanc, les feuilles la diftinguent fpécifiquement : les radicales font faites en maniere de Lyre, plus allongées, moins arrondies à leur fommet, recouvertes par des poils affez longs qui les rendent dures au toucher ; elles font ordinairement couchées fur terre, & leur couleur eft celle d'un verd foncé & prefque luifant fur la furface fupérieure. Les caulinaires ont la forme d'un cœur allongé, & elles embraffent la tige par leur bafe, mais non pas à la maniere des feuilles perfeuillées ou à demi-perfeuillées comme celles du Colfat.

(12)

Ces defcriptions ne laifferont plus aucun fujet d'erreur fi l'on réfléchit fur les
caractères botaniques que je viens d'établir. Occupons-nous à préfent de la culture
de ces deux plantes, & pour donner une
suite aux idées, examinons fuccintement,
1°. quel eft le terrein le plus propre à la
culture du Colfat ? 2°. S'il eft plus avantageux de le femer en pépiniere pour le
replanter enfuite, ou s'il fuffit de le femer
fimplement dans une terre préparée pour
cet effet? 3°. Quels font les travaux qu'exige l'une & l'autre culture ? 4°. Dans quel
tems & de quelle manière il faut recolter
le Colfat, & en conferver la graine ?

Plan de
la culture.

CHAPITRE PREMIER.

*Quel eft le terrein le plus convenable à la
culture du Colfat.*

1°. T OUT terrein ne convient point à la
culture du Colfat; *non omnis fert omnia
tellus*, nous dit Virgile. Il ne fe plaît pas

Tout ter-
rein n'eft
pas propre
à la culture.

(13)

dans les terres légéres, fabloneufes, cail-
louteufes. Cette nature de terre lui communique il eft vrai, une féve plus fine,
plus travaillée, moins aqueufe, mais pas
affez nourriffante. La tige file, monte,
prend peu de confiftance; la graine eft
petite, l'écorce dure, coriace, la pulpe de
l'amande féche, racornie.

2°. C'eft envain qu'on efpéreroit une
récolte plus abondante dans les terreins
trop gras, trop argilleux, & en général
dans tous ceux qui retiennent l'eau. Ré-
gle certaine, l'eau ne contribue à la bonne
végétation qu'autant qu'elle eft en jufte
proportion des befoins de la plante. Le plus
ou le moins font également nuifibles, & le
moins des deux eft ce dernier; les fruits
en ont beaucoup plus de goût. Le Colfat
jaunit promptement dans ce terrein, il y
végéte avec peine, il y pouffe avec lenteur une tige fatiguée, des filiques étiques,
des grains petits, peu nourris, dont le parenchyme eft rempli d'une eau furabondante, & il contient peu d'huile.

3°. Donnons donc au Colſat une bonne terre végétale , légére cependant, mais forte, qui ne ſoit ni pierreuſe , ni ſabloneuſe , ni trop ſéche , ni trop humide : en un mot, la meilleure terre à froment ſera celle qui lui conviendra le plus, pourvû toutefois qu'elle ait un bon pied de profondeur. Ces généralités ſouffriront quelques exceptions dont nous parlerons en traitant de la terre propre aux pépinières.

CHAPITRE II.

Eſt-il plus avantageux de ſemer le Colſat en pépinière pour le replanter enſuite , ou ſuffit-il de le ſemer ſimplement dans une terre préparée ?

Motifs de cette queſtion.

LES raiſonnemens les plus ſpécieux , ni les routines les plus ſuivies , ne prouvent rien en fait d'Agriculture, ſi tous ne ſont fondés ſur l'expérience. Cet axiôme eſt vrai en tous ſens. Conſultons donc l'expérience dans un sujet aussi important. Je n'aurois point mis cette question en problême, si une même culture couronnée par le succès le plus décidé, étoit uniformément reçue dans chaque pays. Toute la France septentrionale, ainsi que la Suisse, connoît & suit l'usage des pépinières ; au contraire, dans les Provinces intérieures du Royaume, où cette culture commence à prendre faveur, on seme le Colsat comme le bled. Il y prospére, il y réussit passablement. Balançons les avantages résultans de ces deux méthodes ; cette disgression peut être utile pour les endroits où l'on veut introduire & perfectionner cette culture.

SECTION PREMIERE.

Avantages des Pépinières.

1°. **I**l est difficile d'être embarrassé pour le choix du terrein convenable à une pé-

pinière, & il eſt rare que dans une poſſeſ-
ſion un peu étendue, on ne rencontre pas
quelque portion de terre meilleure que les
autres. Il ſuffit qu'elle ſoit bien fumée,
bien défoncée & ameublie ; qu'elle ait en
outre les qualités du terrein dont nous
avons parlé dans le chapitre précédent,
ou celles dont nous parlerons dans le chapitre troiſiéme, Section I I.

Le choiſir près de l'habitation.

2°. La Pépinière eſt ordinairement près
de l'habitation , & le terrein qui l'envi-
ronne eſt toujours la partie la mieux cultivée , la mieux ſoignée.

*On défon-
ce aiſément
le terrein
d'une Pépi-
niere.*

3°. On défonce plus facilement & plus
aiſément une petite parcelle de terrein ,
qu'un champ de vaſte étendue. Le cultivateur n'eſt point effrayé par l'immenſité de
l'ouvrage, & quelques heures de plus don-
nées à un labour de perfection, ſont à peines comptées. La proximité, l'occaſion &
l'emploi de certains momens qui , peut-
être auroient été perdus , contribueront
ſinguliérement à améliorer ce petit fonds.

4°. Comme

4°. Comme la pépinière est près de l'habitation, l'agriculteur a moins de peine à y voiturer les engrais, & sûrement ils y seront plus abondans.

Les engrais n'y seront pas épargnés.

5°. Cette pépinière sans cesse sous ses yeux, sera travaillée dans les circonstances les plus favorables, il choisira un jour *fait exprès*, si je puis m'expliquer ainsi ; elle sera mieux entretenue, mieux soignée, sarclée plus souvent, & avec plus de soins ; en un mot, le cultivateur la prendra en considération comme son jardin, s'il n'en a pas déjà destiné une partie à cet effet. La facilité dans le travail & l'objet de l'espérance continuellement sous les yeux, sont deux grands moteurs en agriculture.

Elle sera mieux travaillée.

6°. Les semences confiées à une terre ainsi préparée, ainsi engraissée, & dans le tems le plus avantageux, ouvriront avec aisance leurs deux petits lobes pour laisser pousser la radicule, qui trouvant un sol convenable, s'enfoncera promptement, deviendra pivotante & ira chercher cette

Les semences germeront plus facilement.

vapeur nourriciere que le foleil & la chaleur centrale font élever des entrailles de
la terre ; bientôt cette radicule pouffera des
chevelus fins & déliés, ils ouvriront leurs
petites bouches pour recevoir la féve bien-
faifante, & la plante acquerera une confiftance vigoureufe toujours en proportion
du plus grand nombre de fes chevelus ou
fucçoirs.

Elle eft effentielle pour le Col-fat blanc.

7°. Le Colfat blanc qui germe fi difficilement y réuffira fans peine, tandis qu'on
le confieroit en pure perte à un autre fol.

La plante s'y fortifie plus & craint moins le froid à l'a-venir.

8°. Mieux une plante eft nourrie, plus
elle a de force pour fupporter les intempéries des faifons & les rigueurs de l'hiver.
Sa perfection dépend beaucoup du premier âge. Je conviens en général que le
Colfat ne craint pas le froid : cependant
les trop fortes gelées lui font nuifibles,
furtout, s'il a été replanté dans un état
de débilité & de langueur, & fi fes racines font peu profondes comme quand
on le féme ainfi que le bled, ou fi elles fe

trouvent dans un terrein trop humide. La Pépiniere préviendra, & empéchera ces suites funestes.

9°. Celui qui semera en Pépiniére, aura tout le loisir convenable de donner à la terre destinée à la replantation, les labours de nécessité indispensable & même des surnuméraires ou de perfection. Jamais on a remué vainement la terre & l'augmentation du produit est la récompense assurée d'un travail opiniâtre. C'est le trésor caché dont parle la fable ; en un mot, le cultivateur maître de son tems, fera l'ouvrage sans se presser, & il le fera bien, c'est tout ce que l'on désire.

SECTION II.

Des avantages de semer le Colsat de la même maniere que le bled.

CES avantages en petit nombre & peu considérables, ont cependant leurs parti-

fans. Cette méthode eſt moins diſpendieu-
ſe , puiſqu'il ne faut point de Pépinières ,
& que la ſemence une fois ſortie de terre
n'exige d'autres ſoins que d'être ſarclée ;
ainſi point de replantation. Un homme
peut dans un ou deux jours , ſemer un
champ entier , tandis qu'il faut une ſemai-
ne pour replanter la même étendue de
terrein. Je conviens que ces raiſonnemens
ſont ſpécieux au premier coup-d'œil , &
que cette maniere d'opérer eſt plus prompte & plus économique. C'eſt à l'expérience à décider de leur valeur.

CHAPITRE III.

Des travaux qu'exige l'une & l'autre culture & leur comparaison.

SECTION PREMIERE.

Des travaux nécessaires pour la culture du Colsat semé comme le bled, & des soins qu'il exige jusqu'à sa maturité.

J'AUROIS dû garder le silence sur les différens objets concernant cette culture, puisque comme je le démontrerai bientôt, elle est en tout inférieure à l'autre. Attendons tout du tems, de l'exemple & de l'expérience pour la voir abandonner ; je vais cependant tâcher d'améliorer cette méthode ou du moins, de la rendre un peu moins mauvaise. Les travaux propres à cette culture, se réduisent, 1°. à donner à la terre les engrais convenables, & en quantité suffi-

Détail des travaux.

B 3

fante. 2°. A travailler le terrein ; 3°. à femer ;
4°. à herffer ; 5°. à farcler.

Couper la
paille très-
haut.

1°. *Engrais convenables.* Il feroit important de couper très-haut la paille du bled
quand on le moiffonne dans le champ deftiné au Colfat, cette paille fournira un
engrais léger à la vérité, mais qui ne pour-
riffant pas fitôt après qu'elle aura été en-
foncée, tiendra les molécules de la terre fé-
parées, foulevées & ameublies, de forte,
que les influences de l'air la pénétreront
plus facilement, la femence lévera plus
promptement, & les eaux auront une plus
grande facilité à s'infinuer dans l'intérieur
fans refter fur la furface de la terre, ce
qui feroit pourrir la femence, furtout fi la
faifon continue à être pluvieufe.

En quoi
confifte le
meilleur en-
grais.

2°. Je dirai en général, qu'un terrein
humide eft néceffairement froid, & qu'ainfi
il exige plus d'engrais ; qu'un terrein léger en demande moins ; qu'un terrein argilleux a befoin d'un engrais peu putréfié.
Somme totale, les huiles renfermées dans

le fumier, exactement mêlangées par la fermentation, fusceptibles d'être réduites en vapeurs & de former de nouvelles combinaifons, de nouvelles décompofitions, donnent l'engrais le plus parfait.

3°. Il eft impoffible de fixer la quantité de fumier néceffaire à chaque genre de terrein. Les nuances des uns aux autres font trop multipliées. C'eft donc au propriétaire à étudier & à connoître la qualité du grain de terre de fon champ, & à fe régler d'après les combinaifons qu'il aura formées. L'abondance ne nuit point ; le trop feul eft nuifible.

Le cultivateur doit régler la quantité fuivant la nature du terrein.

4°. On cultive en Flandres une variété de Colfat nommé *Colfat froid* ; il exige plus d'engrais que le Colfat blanc & que le Colfat ordinaire ; il eft moins commun que les deux autres, parce que fa femence germe plus difficilement. On pourroit abandonner fa culture.

Le Colfat froid exige plus d'engrais.

2°. *Préparer le terrein.* 1°. Il faut que la terre foit convenablement ameublie,

Néceffité & maniere de préparer le terrein.

afin de faciliter l'extenſion & la progreſ-
ſion des racines 2°. Afin que l'air ait un
libre paſſage juſqu'aux racines. 3°. Afin
que la matiere huileuſe réſoute en vapeurs
qui ſert de nourriture aux plantes & qui
fait corps avec les particules de la terre,
puiſſe s'appliquer partout & en tous ſens
aux racines. C'eſt donc mal-à-propos que
l'on ſe contente dans certains pays, dès que
le bled eſt coupé, de donner une ſeule façon
avec la charrue. Ce labour n'eſt point ſuf-
fiſant, il faut au moins recroiſer encore.
Que l'on conſidére pour ſe convaincre de
la néceſſité de ce ſecond labour, que la
terre a eu le tems de durcir conſidérablement depuis que le bled a été ſemé l'année
précédente, juſqu'au moment de la récolte ; que les pluies, les neiges ont tappé &
reſſerré cette terre ; que la chaleur a collé
les molécules les unes contre les autres ;
que le piétinement des moiſſonneurs, des
chevaux, &c. &c. Que l'on conſidére encore le ſillon que trace la charrue, & l'on

verra que la terre est soulevée en mottes, en grumeaux; qu'elle n'est ni assez divisée ni assez ameublie. Comment pourra-t-on donc espérer que la semence recouverte & étouffée par ces monceaux, ou jettée sur eux, puisse germer, pousser & croître avec vigueur ? Le bon sens seul en démontre l'abus sans le raisonnement : mais le paysan & le bourgeois qui laisse manœuvrer le paysan, raisonnent-ils ? Aulieu que si l'on recroise le labourage *obliquement & non en croix*, chaque partie du terrein sera mieux brisée & la plante se sentira de cette seconde opération jusqu'à sa parfaite maturité.

Maniere de labourer.

3°. *Semer.* C'est ici où il y a abus & une perte considérable de semences, la graine est peu chere à la vérité, mais ne rien perdre est le premier & le plus sûr bénéfice de la campagne.

10. On seme presque aussi épais que si on semoit le bled, tandisquelamoindredistance qu'on doive donner d'un pied à l'autre, est

Mauvaise façon de semer.

celle de 18 pouces. Il faudra donc arracher dans le tems les plantes furnuméraires, d'où il réfultera un emploi de tems en pure perte , & une perte réelle des femences ; mais c'eft l'abus le moins criant. Tout le monde fçait que le Colfat a une racine profondément pivotante & très-fibreufe ; on ne pourra par conféquent arracher les plantes furnuméraires fans endommager les racines capillaires & chevelues des autres plans, foit en foulevant ou caffant la racine pivotante.

2°. J'exigerois qu'on femât très-clair fur le premier labour, & qu'auffi-tôt après on en donnât un fecond. Il en réfulteroit , 1°. Que les femences feroient plus facilement fouftraites à la voracité des oifeaux, des rats & autres animaux qui en font très-friands , parce qu'elles feroient , & mieux recouvertes & mieux enterrées. 2°. Elles feroient moins expofées à la chaleur du foleil, qui dans les mois de Juillet & d'Août a trop d'activité ; ce qui défféche fouvent la graine , furtout s'il a une action immédiate fur elle, & de-là , plus de germination.

3°. Si le terrein eft en pente & qu'il furvienne une pluie un peu abondante, l'eau entraîne la femence , la raffemble dans les fillons d'où il réfulte une multiplicité de plans qui fe nuifent les uns aux autres.

Les pluies entraînent ou raffemblent les femences.

4°. Les femences germeront beaucoup plus facilement en fuivant la maniere que j'indique, parce que la terre fera plus ameublie, & l'expérience a toujours démontré qu'aucune femence ne germe quand elle eft privée des influences de l'air ; parce qu'enfin elle ne fera ni trop , ni trop peu enterrée, mais dans une jufte proportion.

Il n'y a point de germination fans air.

5°. Il eft encore une autre obfervation importante à faire avant de femer, & elle confifte à ménager de diftance en diftance, des fillons de communication pour l'écoulement des eaux. Si l'on difpofe le terrein en tables , comme nous le dirons bientôt , & que le terrein bombe dans le milieu , on

Néceffité des fillons.

ne verra jamais le Colſat, jaunir ni atteſter contre l'humidité, ni crier vengeance
contre le peu d'attention ou la négligence
impardonnable du Cultivateur. Les eaux
ne croupiront point, elles auront un libre
écoulement, & tout en ira mieux.

Forme de la Herſſe & maniere de s'en ſervir.

4°. *Herſſer.* Je demande que la Herſſe
ſoit armée de dents de ſix à ſept pouces de
longeur & eſpacées les unes des autres d'un
demi-pied, & non d'un pied ou quatorze
pouces, comme on le pratique ordinairement. Pluſieurs faiſſeaux de brouſailles ſeront attachés à cette Herſſe qui ſera char-
gée ainſi que les brouſailles, de quelques
pierres ou piéces de bois, afin d'unir &
niveler le terrein. Cette opération exige
que des femmes ou des enfans armés de
maillets de bois à long manche, ou de
tel autre inſtrument, briſent dans les endroits où doit paſſer la Herſſe, les mottes
de terre que la charrue auroit laiſſé intac-
tes. Quelques perſonnes trouveront que
le ſecond labour doit tenir lieu de l'opé-

ration de herffer. Je réponds décidément *non*, & j'en appelle à l'expérience.

5°. *Sarcler*, eft une main d'œuvre de la compétance des femmes & des enfans, & par conféquent peu difpendieufe. Elle confifte à enlever le Colfat furnuméraire & arracher les plantes inutiles & parafites. On ne doit jamais farcler que lorfque la terre eft légérement humide, c'eft-à-dire, auffi-tôt après une pluie douce. Si on ne faifit pas cet inftant, on rompra la plante parafite, près du colet de la racine, elle repouffera promptement, le fanage deviendra plus diffus, & les branches plus multipliées. Je défirerois qu'on ne farclât jamais que la piochette à la main. Il en réfulteroit deux avantages. 1°. On enterreroit les mauvaifes herbes & leurs racines, fans crainte de les voir reparoître de nouveau. 2°. Ce petit labour ne feroit pas perdu, puifque l'on détruiroit la croûte formée fur la furface de la terre, & que les influences de l'air la pénétreroient plus facilement. On se contente quelquefois de sarcler en Septembre & dans le mois d'Avril suivant. Ce n'est point assez. Sarclés en piochettant dans les mois d'Août, d'Octobre, en Mars & en Mai, en un mot toutes les fois que cela sera nécessaire. Si on se plaint que je multiplie la main d'œuvre & par conséquent les frais, je répondrai que je ne multiplie que l'ouvrage des femmes & des enfans, mais que je multiplie aussi le produit.

SECTION II.

Des travaux néceffaires pour la culture du Colfat.élévé en pépiniére & conduit jufqu'à parfaite mâturité.

Nous avons deux objets à confidérer dans cette Section, fçavoir les Travaux qu'exige une pépiniere, & ceux qui font néceffaires au champ·deftiné à la replantation.

Des Travaux néceffaires pour la conduite d'une Pépinière.

10. CELUI qui n'aura en vue que la feule quantité choifira un terrein qui aura les conditions dont nous avons parlé au chapitre premier ; celui qui defire avoir de l'huile douce & dépouillée du goût âcre qui caractérife toujours celle de Colfat & de Navette doit choifir un terrein fabloneux, parce que la germination faite

Différence de qualité dans le produit fuivant le terrein.

dans ce terrein détruit l'efprit recteur, &
que c'eft la combinaifon de cet efprit avec
l'huile graffe ou plutôt fa réaction fur elle
qui lui communique l'acrimonie dont on
fe plaint. Nous le démontrerons dans la
feconde Partie.

Le meilleur labour.

2°. Ces deux genres de terrein feront
exactement défoncés, bien fumés furtout
le premier & le labour le plus avantageux
fera celui fait à la bêche, il fuppléera à
tous les autres.

Terrein divifé en planches.

3. Ces terreins feront divifé par planches ou tables larges de cinq pieds feulement & non de huit comme dans beaucoup d'endroits. On farcle plus commodément & on n'eft pas contraint de fouler
la terre & de piétiner les jeunes plans.

Les foffes font nécef-faires.

4°. On pratiquera un foffé d'un pied
de largeur entre chaque table. La terre
de ce foffé fera jettée fur la table & on
la bombera le plus qu'il fera poffible.

Avantages des foffes.

5°. Ce foffé fervira à l'écoulement des
eaux & de fentier par où les femmes &
les

les enfans paſſeront pour ſarcler : ainſi ſans endommager les plançons de la table & ſans être gênés dans leur opération , ils pourront atteindre juſqu'au milieu & arracher les mauvaiſes herbes.

6°. La graine ne ſera pas ſemée trop épais ; il vaut mieux donner plus d'étendue à la pépinière. Les plantes ſemées trop près, trop voiſines , s'étiolent , montent ſans prendre aſſez de conſiſtance & de ſolidité ; ſi au contraire elles ſont convenablement eſpacées , la tige devient plus robuſte , plus nourrie , & elle ſera plus apte à être replantée.

Manière de ſemer la pépinière.

7°. On ſemera dans un beau jour , quand la terre ne ſera ni trop ſèche ni trop humide. L'uſage des pépinières permet le choix du tems. Je déſirerois qu'on traçât de petits ſillons & qu'on y ſemât le grain à la main ; ce ſeroit un grand bien ſi on eſpaçoit ces ſillons de huit à dix pouces , parce qu'on auroit la facilité de piocheter de tems à autre , entre deux. Il eſt

Semer à la main.

inutile de recommander de farcler & de tenir ces planches dans la plus grande pro-
preté, on en fent affez le befoin.

Tems de
femer.

8°. On fème communément partout,
au mois de Juillet. Si on femoit en Juin,
le plançon feroit plus fort quand on le for-
tiroit de nourrice en Octobre, c'eft-à-dire,
au tems de la replantation, & par conféquent il craindroit moins les rigueurs de
l'hyver. Cette obfervation doit être fub-
ordonnée au climat, parce que, par exemple, fi on femoit en Avril ou en Mai, on
rifqueroit de voir fleurir dans la même
année le Colfat & la Navette, & ce feroit
une récolte perdue.

Obferva-
tion fur le
terrein fa-
bloneux.

9°. Celui qui femera en terrein fabloneux aura foin d'arrofer fuivant l'exigence
des cas, & tranfplantera dès que la plante aura la confiftance néceffaire, elle de-
viendroit maigre & rabougrie s'il, attendoit
plus long-tems.

CHAPITRE III.

Des travaux qu'exige le champ destiné à la replantation du Colsat & de la Navette, & des soins nécessaires jusqu'à leur maturité.

SECTION PREMIERE.

Préparation du Terrein.

LE Cultivateur qui fait usage des Pépinières ne sera pas harcelé par le tems & les circonstances pour donner à son champ les labours convenables. Il a pour le préparer depuis que le bled est coupé jusqu'au commencement d'Octobre qu'il doit replanter le Colsat & la Navette, tandis que celui qui sème d'abord après le bled, est forcé de travailler aussitôt quelque tems qu'il fasse : ainsi il lui sera très-facile de labourer d'après les principes que je vais établir & qui lui assureront la plus abondante récolte.

1°. Il choisira le tems le plus avantageux pour chaque opération. Les labours faits

Labours bons ou mauvais suivant le tems.

C 2

(36)

à la pluie ou dans la trop grande ficcité, font toujours mauvais, pour ne pas dire en pure perte dans les terreins forts & compacts ; ce premier labour doit être donné en Juin ou Juillet.

2°. Il fumera fon champ, & ne léfinera point fur la quantité & la qualité des engrais, & il n'en répandra fur le fol, qu'autant qu'il pourra en enterrer chaque jour. Le Colfat froid exige plus de fumier que les autres. Le fumier fera auffitôt enterré par un premier labour, & le plus profondément qu'il fera poffible. Tout fumier qui demeure trop longtems étendu & expofé à l'air, au foleil & à la pluie eft perdu ou peu s'en faut : ce qui feroit aifé à démontrer.

3°. Le fecond labour fera donné dans le milieu du mois d'Août, & on obfervera de ne pas croifer les fillons mais de les prendre obliquement. Je confeille un troifième labour quelques jours avant de replanter, & toujours obliquement & oppofé aux premiers. La terre fera par ce moyen divifée en tous fens, & il ne reftera plus de grumeaux. Ces principes trouveront des contradicteurs que je renvoie à l'expérience.

4°. Si on travaille fon champ à la bêche, cette opération fuppléera à tous les labours & fera infiniment fupérieure. On ne béchera alors que lorfqu'on voudra replanter, & fi on ne replante qu'à mefure que l'on bêche, ce fera encore mieux. La terre défoncée à la bêche eft bien plus divifée, plus atténuée ; mais un avantage infigne qui en réfulte, eft que l'eau s'infinue plus facilement dans l'intérieur de la terre ; qu'elle ne pourrit pas les racines, & que la gelée ne les endommage pas. J'invite à comparer ces deux manières de travailler & à confidérer que les bêches dont nous nous fervons dans le Lyonnois, ont près d'un pied de longueur fur huit pouces de largeur ; qu'on l'enfonce prefqu'entièrement dans la terre;qu'on ne prend pas en épaiffeur plus de quatre ou cinq pouces de terrein , que du plat de la bêche , on brise la portion qu'on vient d'enlever, & qu'ainsi la terre ne reste plus en grumeaux. Jamais les labours les plus profonds , & les plus multipliés ne produiront d'aussi bons effets. L'opération est plus dispendieuse , j'en conviens, mais elle n'est dispendieuse que pour le moment, & si l'on calcule les dépenses pour la nourriture des bestiaux pendant l'année , on ne la trouvera pas si forte que l'autre. Je conviens encore que cette opération ne peut avoir lieu que dans les pays abondans en bras : mais comme j'écris pour perfectionner cette culture , je dois en indiquer tous les moyens. C'est au propriétaire à choisir celui qui sera le moins onéreux pour lui.

5°. Il est nécessaire de faire bomber le terrein préparé suivant l'une ou l'autre méthode indiquée. Je ne cesserai de répéter & je ne répéterai peut-être pas encore assez, que le Colsat ne craint que l'humidité. Vous l'en préferverez fi vous divifez ce terrein en planches bombées, fi de chaque côté de cette planche, vous ouvrez un petit foffé. Le terrein qui en fortira, fervira à bomber la table & l'eau aura un libre écoulement par la pente que vous aurez ménagée dans ce foffé.

SECTION II.

Du Tems, de la Maniere de replanter le Colfat & la Navette.

1°. IL faut choifir l'Automne pour replanter le Colfat. Les rofées y font plus fortes, les pluies plus douces, le foleil moins chaud, moins violent & la plante reprend plus facilement que dans toute autre faifon. Si on replante au commencement d'Octobre, le Colfat & la Navette auront le tems avant les froids, de reprendre fûrement, & ils ne craindront plus leurs funeftes effets. Plus l'on retardera & moins l'on réuffira.

L'automne eft le tems le plus a-vantageux.

Choix du tems pour la replantation.

2º. On choisira pour cette opération un tems disposé à la pluie, ou un tems couvert, si on n'a pas la facilité d'arroser cette nouvelle plantation. Le soleil trop ardent défèche les feuilles, & les feuilles sont aussi essentielles à la reprise de la plante que les racines mêmes. Les feuilles sont les poumons par lesquels la plante respire. Elles sont durant le jour les fonctions de vaisseaux excrétoires & de vaisseaux absorbans l'humidité & les sucs de l'air pendant la nuit. Ainsi quand les feuilles se flétrissent, leurs bronches, leurs véssicules sont affaisés, & elles ne respirent presque plus; il suit delà, que moins la plante conserve ses feuilles, plus la reprise est longue, & elle souffre & elle languit, jusqu'à ce qu'elle en ait poussé de nouvelles : altération qui se connoît jusqu'au tems de la récolte.

Les feuilles sont les poumons des plantes.

Manière d'enleverles plans dans les pépinières.

3º. On aura soin quand on enlevera les plans de la pépinière, de les soulever avec une manette, de ne point briser les feuilles, de ne point endommager les racines &

de ne point faire tomber la terre qui les recouvre, ce qui s'exécutera commodément, quand la terre sera humide, & surtout si la pépinière a été disposée en planches & semée comme je l'ai dit plus haut. Je ne sçais par quelle étrange manie, tous les Cultivateurs s'accordent à tronquer & à mutiler les racines, ce qu'ils appellent *châtrer*, & ce qui me surprend le plus, c'est que dans le nombre de ceux qui écrivent, ils s'en trouvent plusieurs qui donnent d'amples dissertations sur l'art de châtrer les racines avec méthode, disons mieux, sur l'art de les charpenter, de les abimer. Si le bon sens ne leur démontre pas le défaut de principes dans leur systême, s'ils ne peuvent penser juste par eux-mes, qu'ils étudient les principes de la végétation, de l'organisation des plantes, dans les excellens ouvrages de Malpigi, de Grew, de Duhamel, de Bonnet, de Hooc, de Sthal, &c.

Abus de couper les racines.

4°. Tous les plans enlevés de terre se-

ront difposés rang par rang dans des pa-
niers, des corbeilles, & feront portés le plus
doucement poffible fur le terrein deftiné à
les recevoir ; mais on obfervera de ne les
arracher qu'à fur & mefure qu'on en aura
befoin. Il vaut mieux retourner plus fouvent à la pépinière que de les laiffer fa-

Choix des plans. ner. On fera encore fcrupuleux fur le choix
des plans, & les verreux & les languiffans
feront févèrement rebutés. On ne peut en
attendre aucun profit réel.

Plantation perfectionnée. 5°. On fe fert communément d'un plantoir pour faire les trous. Ce plantoir preffe
trop fur les côtés les parois de la terre,
& furtout dans le fond du trou. On évite-
roit cet inconvénient en fe fervant d'une
manette de fer à demi ceintrée, femblable à celle des fleuriftes. Comme elle n'a
que deux lignes d'épaiffeur, elle compri-
me peu le terrein lorfqu'on l'enfonce, &
il eft aifé en la faifant tourner, d'enlever par
fon moyen la terre du trou. Je conviens
que l'opération feroit plus longue que celle

du plantoir , mais elle feroit meilleure. D'ailleurs des femmes , des enfans peuvent s'y occuper.

6°. Nous avons encore dans ce pays , comme prefque partout ailleurs, la manie de faire les trous à la diftance d'un demi-pied les uns des autres & à celle d'un pied fur les côtés. Je demande un pied & même dix-huit pouces en tous fens, & ce fera peu relativement au bon terrein. Le produit fupérieur prouvera cette affertion, & l'ouvrage en fera plutôt fait. Chaque trou recevra une plante feulement ; on ne l'enterrera qu'autant qu'elle l'étoit dans la pépinière ; (ceci éprouvera encore des contradictions,) & un homme refferrera la terre à mefure qu'un enfant placera le Colfat ou la Navette. En un mot, pour bien réuffir, il faut qu'il travaille de manière que la plante ne s'apperçoive pas avoir changé de terrein ou de nourrice.

SECTION III.

Des soins qu'exige le Colsat jusqu'à sa maturité.

CE s soins peu nombreux sont indispensables & jamais donnés inutilement. Le premier est d'enlever les mauvaises herbes aussi-tôt qu'elles paroissent, & ainsi que je l'ai indiqué ; le second de remplacer le plus promptement possible les plans qui n'auront pas repris, & d'arracher ceux qui languissent pour leur en substituer d'autres. Rien n'est plus désagréable à l'œil que les places vuides. D'ailleurs, c'est une perte décidée. Le troisième, de nétoyer les fossés qui environnent les planches ou tables ; sçavoir au commencement d'Octobre, à la fin de Février & d'Avril. Cette terre jettée sur les tables, servira d'engrais, recouvrira les racines les plus mal enterrées, & le piochètement lors du sarclage, la mêlera avec l'autre. Point d'engrais plus naturel que celui des terres rapportées.

Enlever les mauvaises herbes.

Garnir les plans vuides.

Relever les terres.

SECTION IV.

Comparaison succincte des avantages des deux Méthodes

1o. EN Agriculture, ainsi que dans toute espèce de spéculation, on doit compenser les frais par le produit, trouver un excédent proportionné au travail, & que cette excédent en soit la juste récompense. Je ne rapporterai aucun calcul souvent douteux, rarement juste, & toujours inutile pour le Paysan. C'est à lui à tirer les conséquences de l'expérience même. Tout ce que je dirai ne le convaincra jamais, s'il n'en voit clairement le résultat & le produit : d'ailleurs, tout calcul général est faux en Agriculture, par cela même qu'il est général.

Tout calcul général est faux en agriculture.

2o. La présomption, abstraction faite de tout raisonnement, est en faveur des pépinières. L'exemple des Flamands, des Suis-

Présomption en faveur des pépinières.

ſes qui ont en grande recommandation la culture du Colſat, & de qui nous la tenons, eſt une forte preuve de ce que j'avance ; ce n'eſt donc que dans nos Provinces plus méridionnales , comme le Lyonnois, le Forêts , le Beaujollois que nous ignorons ou négligeons les avantages des pépinères , peut-être parce que les noyers y ſont trop abondans & que l'huile d'olive y eſt d'un prix trop médiocre. Règle certaine, où les beſoins ſont moins grands, le travail y eſt moins perfectionné.

3°. Ce même Beaujollois va ſervir d'exemple. Un Cultivateur avoit ſemé en Juillet ſon Colſat comme nous ſemons le bled , ſuivant la mauvaiſe coutume du pays, & par conſéquent trop épais ; il fut contraint dans le mois d'Octobre ſuivant, d'arracher les plans ſurnuméraires & paraſites ; un voiſin les demanda & les replanta à une diſtance convenable dans la partie d'un champ qui avoit en même-tems été ſemé en raves , mais qui à peine ſorties

de terre, furent dévorées jufqu'à la racine, par une multitude prodigieufe de che-
nilles. Il fe contenta de labourer de nouveau fon terrein & de le herffer. Sa récolte a été plus belle d'un quart que celle
de fon voifin, dont le champ étoit en tout
femblable pour le grain de terre & pour
l'expofition. Je demande à préfent, qu'auroit donc été cette récolte, s'il eût replanté des pieds forts & vigoureux, des
pieds élevés en pépinière & non pas affa-
més par des voifins, tandis que ceux qui
furent employés, étoient les plus foibles,
les plus débiles, en un mot, des plans de
rebut. Cette preuve décifive fera ouvrir les
yeux à ceux qui fuivent l'autre méthode,
à moins que de propos délibéré, ils ne
cherchent à s'aveugler.

4°. Il eft aifé de connoître la raifon de
cette différence. La graine mife en terre en
Juillet & qui a pouffé dans le même terrein jufqu'en Octobre a eu le tems d'épui-
fer une partie des fucs deftinés à fa nour-

Les plans de pépiniè-re trouvant une nouvel-le terre pré-parée réuf-fiffent tou-jours.

riture, ou du moins elle l'a confidérablement diminuée. Le Colfat ou la Navette
replantés, jouiffent au contraire, & de
l'excellente nourriture qu'ils ont prife dans
la pépinière, qui leur a donné une forte
conftitution, fi je puis m'exprimer ainfi, &
de la fubftance des fucs furabondans qu'ils
trouvent dans une terre nouvellement préparée & remplie d'engrais.

Le Chou des Jardins ne réuffit que quand il eft replanté.

5°. Jugeons du Colfat ou Chou des
champs, *Braffica campeftris*, par comparaifon avec celui des jardins. Ces derniers ne
réuffiffent jamais s'ils ne font replantés.
Qui eft-ce qui ignore que des touffes de
bled divifées, replantées & mifes dans un
fol bien travaillé, doublent & triplent le
produit.

Les pépi-nièresavan-tageufes pour la bo-nification de l'huile.

6°. Ces avantages font immenfes pour
la quantité, & bien précieux pour la qualité de l'huile que l'on retirera, comme je
l'ai déjà dit, & comme je le prouverai encore mieux.

7°. Tout concourt à démontrer l'avantage

tage solide provenant des pépinières, &
nous avançons affirmativement que l'augmentation du tems & de la dépenfe, eft
moins que rien, comparée avec l'augmentation du produit. J'en appelle à l'expérience, au témoignage des Suiffes, des Flamands, des Alfaciens, & à celui de tous
ceux qui cherchent de bonne foi à découvrir la vérité & à la faire reconnoître. Rien
de plus aifé que de multiplier les raifonnemens fur ce fujet; mais je travaille à un
Mémoire & non à un volume. Je n'ai déjà peut-être été que trop diffus.

CHAPITRE IV.

*Du tems, de la manière de récolter le Col-
fat & la Navette, & d'en conferver la
graine.*

1°. LA femence du Colfat eft ordinairement mûre à la fin de Juin ou de Juillet
ainfi que celle de la Navette, ce qui dé-

D

pend & de la saison & de l'exposition du
sol. La plante abandonne successivement
sa couleur verte, pour en prendre une
jaunâtre & quelquefois tirant sur le rouge,
quand elle a souffert. Ce changement de
couleur est l'effet de la dessication du parenchyme renfermé dans les réseaux ou
charpente de la plante. L'épiderme n'a
point de couleur par elle-même, elle
transmet simplement celle qu'elle recouvre.

*Connoî-
tre quand il
faut lever la
récolte.*

2°. Si on veut récolter le Colsat ainsi
qu'il convient, on n'attendra pas que les
siliques s'ouvrent d'elles-mêmes ; la récolte seroit perdue. Si on les recueille
trop vertes, la semence remplie d'une eau
surabondante de la végétation, se ridera
en se desséchant, & donnera peu d'huile.
C'est la maturité qui forme l'huile ; le coup-
d'œil en décide.

*Manière de
couper la
plante.*

3°. On coupera la plante avec une faucille dont le tranchant sera bien affilé, &
on évitera de couper par sacades ; les graines trop mûres tomberoient. Il convien-

droit de pouvoir auſſi-tôt enlever les plantes & les porter ſous des hangars aérés de
toute part , afin de les faire ſécher entièrement. La place qu'on leur deſtinera
ſous ces hangars , ſera ſpacieuſe, battue,
nette & très-propre. Les petits faiſceaux
ne ſeront ni entaſſés, ni preſſés. Il eſt né-
ceſſaire de laiſſer entr'eux un libre courant d'air , & ils ſe deſſécheront beaucoup plus vîte , ſi on les dreſſe les uns contre les autres au nombre de trois ou de
quatre.

4º. Si l'éloignement de la métairie ne
permet pas le tranſport , on étendra les
tiges ſur terre , comme le bled qui vient
d'être moiſſonné , & elles reſteront ainſi
étendues pendant deux ou trois beaux
jours ; dès que la plante ſera ſuffiſamment
ſéchée dans le champ ou ſous le hangar ,
on amoncelera les faiſceaux , & on les
diſpoſera en meule comme le bled ; c'eſt-
à dire, que le côté des ſemences ſera en
dedans , & on aura ſoin de mettre un rang

de paille entre chaque faisceau. Il con-
viendroit auparavant d'applanir & de ba-
layer la place ; la graine ne seroit pas mêlée avec la poussière & la terre, crainte
de fermentation & de pourriture. Il con-
viendroit encore que l'emplacement du
gerbier fût plus élevé que le terrein, afin
de prévenir les suites funestes de l'humidité ou des pluies. Le gerbier restant dans
le champ sera soigneusement recouvert
avec de la paille & en assez grande quantité pour que la pluie ne le pénètre pas,
elle occasionneroit échauffement, fermentation & pourriture. Motif bien pressant
pour faire porter sous le hangar les plantes,
dès qu'elles sont coupées.

Manière de battre & de nettoyer la graine.

5°. Si la plante reste dans le champ, on
préparera au pied de la meule avant de
la défaire, un espace de terrein battu &
égalisé, en un mot, on le rendra sem-
blable à celui où on bat le bled. On jette-
ra sur ce terrein les faisceaux pour les
égrainer, & on fera encore mieux si on

(53)

les enlève dans un drap ; ce fera le moyen
de ne rien perdre. Dès qu'on en aura battu une certaine quantité, on enlèvera avec
un rateau les détrimens de la plante,
parce qu'ils amortissent le coup & empê-
chent de battre. Ces détrimens peuvent
être portés dans la cour de la grange
pour les faire pourrir, ou on les difperfera
fur le terrein & ils y formeront un engrais,
léger à la vérité. Ces graines fe vannent
comme le bled, ou on les nétoye par le
moyen des cribles faits exprès, dont il y
en a de deux fortes. Les uns à trous ronds
par où paffent les grains & la pouffière,
& les autres à trous longs, où ne paffe
que la pouffière. Règles générales, plus
la graine eft propre & nettte, moins elle
attire l'humidité ; moins elle attire l'humidité, moins elle fermente ; moins elle fermente, plus l'huile eft douce, & mieux elle
fe conferve dépouillée de mauvais goût.

SECTION II.

Des moyens de conserver la graine de Colsat & de Navette.

Précautions pour la conservation des graines.

1°. DEs que la graine sera battue, propre, nette, on la mettra dans des sacs, & on la portera au grenier. Je conseille d'étendre une toile quelconque sur le plancher du grenier, parce que les planches ou carreaux joignent ordinairement fort mal, & qu'il y auroit une perte évidente de grains, attendu leur petitesse. Quelque peu de paille sous cette toile faciliteroit leur déssication. On étendra ces graines sur cette toile, on ne les amoncelera pas, c'est-à-dire qu'elles n'auront pas plus d'un pouce d'épaisseur. Elles seront souvent remuées, surtout les premiers jours. La toile indiquée en facilitera les moyens.

Les graines attirent l'humidité.

2°. Les fenêtres du grenier seront exactement fermées pendant les jours de pluie

ou de brouillard ; en un mot, on empê-
chera qu'elles attirent le moins d'humidité
possible, & qu'elles sèchent promptement.
Pour cet effet on ouvrira des ventouses
dans le plancher du grenier pour établir
un libre courant d'air qui enlevera bientôt l'humidité surabondante de la graine.

3°. Si on néglige ces précautions, une
moisissure blanchâtre sera promptement
formée sur les graines qui se colleront les
unes contre les autres par paquets de dix
à vingt ; & si on n'y remédie sur le champ,
tout est gâté. L'huile que l'on en retirera
perdra en qualité suivant le plus ou moins
de fermentation & de moisissure que la
graine aura éprouvée.

4°. Ceux qui desireront vendre leur récolte en nature, se hâteront, parce qu'elle
diminue beaucoup & pour le poids & pour
le volume. Ceux qui voudront la faire
moudre, éviteront le tems des fortes gelées, ils y perdroient.

5°. La masse restante après l'extraction

de la masse restante.

de l'huile, vulgairement nommée *Trouille* ou pain de *Trouille*, forme une nourriture d'hiver assez bonne pour les bestiaux. Je ne puis encore concevoir pourquoi on n'en fait aucun usage dans nos Provinces limitrophes Les Flamands, les Suisses plus attentifs à leurs intérêts, s'en servent avantageusement. Ne craignons donc plus de suivre un exemple confirmé *par l'usage le plus fréquent.*

J'ai cru que cette première Partie devoit être écrite en style simple, qu'il falloit des faits & non des mots, & que des préceptes convenoient mieux qu'une grande dissertation. C'est pour l'Agriculteur paysan qu'elle est faite, & non pour ces Agriculteurs qui ne connoissent que la théorie souvent nuisible à la pratique, si elle n'est soutenue par l'exemple. Des préceptes unis à l'expérience; voilà je le répète, les bonnes instructions & les seules avantageuses. J'aurois desiré suivre dans la seconde Partie que je vais traiter, cette

marche, cette manière d'envifager les objets ; mais malheureufement, elle ne fera
pas à la portée de mes bons amis les Pay-
fans. Comment leur donner des idées des
principes conftituans des corps, des combinaifons & des réfultats chymiques ? Ils ver-
ront opérer des gens plus inftruits, ils fe rè-
gleront fur leur conduite, ils adopteront
leur manipulation, & ce fera ainfi que la
vérité gagnera de proche en proche.

SECONDE PARTIE.

Quelle est la meilleure méthode de faire les huiles grasses de Colsat & de Navette, pour qu'elles ne soient point désagréables au goût & à l'odorat, & qu'elles puissent se conserver plusieurs années sans altération.

POUR faire la bonne huile, il faut connoître les principes qui concourent à sa formation, comment ses principes se développent & changent de façon d'être en vielliffant. Cette théorie nous conduira d'elle-même au choix des moyens pour prévenir, corriger, & faire disparoître les causes qui la vicient. Je croirai avoir entièrement donné la solution du problême, si le résultat d'un travail long, opiniâtre, & fondé sur l'expérience, porte en lui tous les caractères de la conviction. Un sujet si important exige beaucoup de détails & que je prenne les chofes d'un peu loin pour me faire entendre parfaitement fur ce qui concerne l'huile de Chou & de Navette.

Je parlerai dans le premier chapitre des huiles graſſes en général & des ſubſtances qui les produifent ; dans le fecond de l'analogie des huiles de Chou & de Navette avec l'huile d'Olive ; dans le troiſième de la différence de ces huiles avec celle de l'Olive. Je ferai dans le quatrième l'analyfe des huiles de Chou & de Navette. J'examinerai dans le cinquième la méthode de préparer ces huiles, de manière que leurs principes conſtitutifs foient mis dans la plus juſte proportion. La différence de l'huile vierge récente, exprimée de la graine macérée & comparée avec une pareille huile où l'on a employé la chaleur & négligé les moyens de conferver la graine faine, formera le fixième. J'établirai dans le feptième une méthode pour rendre les huiles de Chou & de Navette agréables au goût

Divifion de cette feconde Partie.

& à l'odorat, en leur enlevant le principe acre & cauſtique & leur goût propre de Chou, de Navette & de terroir : enfin dans les huitième & neuvième je preſcrirai les moyens capables d'empêcher les huiles de devenir rances & de corriger la rancidité une fois établie.

CHAPITRE PREMIER.

Des Huiles graſſes en général & des ſub-ſtances qui les produiſent.

Les femen-ces émulfi-ves font les feules qui donnentdes huiles graf-fes.

1°. ON ne retire des huiles graſſes que du règne végétal, & il n'y a dans ce règne que les ſemences ou fruits émulſifs qui en fourniſſent. On appelle ſemences émulſi-ves, celles qui rendent l'eau laiteuſe, quand on les broye ou qu'on les pile avec ce véhicule. Les graines de Chou, de Na-vette ſont compriſes dans cette claſſe.

Diftinction des huiles graffes & des huiles effentielles.

2°. Les ſemences émulſives fourniſſent par la ſimple preſſion, en variant les procédés fuivant les circonftances , des huiles graffes ; ce qui les a fait nommer *huiles par expreffion,* pour les diftinguer des huiles effentielles , dites *éthérées* , pour l'extraction defquelles on emploie rarement l'expreffion.

3°. L'huile graffe exifte toute formée dans la fubftance végétale émulfive , dont elle eft extraite par l'expreffion. C'eft un mixte auffi effentiel à ces fubftances, que l'huile dite *effentielle* l'eft à d'autres parties des végétaux. L'art ne l'y crée pas, les manœuvres de l'ouvrier n'y forment aucunes combinaifons nouvelles, & l'huile extraite eft la même que celle qui exiftoit pareillement libre, mais par parties ifolées dans le parenchyme & les cellules du végétal.

L'huile graffe eft effentielle au végétal.

4°. L'huile eft toujours contenue également dans toute la fubftance de ce qui conftitue effentiellement les femences émulfives , à la feule exception de l'olive dont l'huile eft dans la pulpe ou fubftance environnant le noyau.

L'huile graffe eft toujours dans l'intérieur des femences.

5°. Les huiles éthérées au contraire, font indifféremment placées dans les enveloppes de ces femences, dans les calices, les pétales, les feuilles & les racines, ou feulement dans quelques-unes des ces parties. Elles y font auffi très-fouvent combinées dans un état réfineux, & réfinogomeux, c'eft pourquoi, on a plutôt recours à la diftillation qu'à l'expreffion pour les en extraire.

CHAPITRE II.

Analogie des huiles de Chou & de Navette avec l'huile d'Olive.

1°. ELLES font fluides & tranfparentes, à moins qu'elles ne foient coagulées par le froid. Elles ont une couleur jaune, dorée, plus ou moins foncée. Elles ont un goût doux, mucilagineux & gras. Elles font immifcibles à l'eau, à l'efprit de vin, & font inflammables.

2°. Elles font mifcibles aux autres hui-les , aux baumes , aux graiffes , beurres , cires, camphres , réfines , foufres , bithu-mes , au fucre , au fel alkali & à quelques fubftances métalliques. Elles furnagent l'eau & ne s'élèvent en vapeurs qu'à un de-gré fupérieur à celui de l'eau bouillante ; c'eft-à-dire , au-delà de quatre-vingt , divi-fion du Thermomètre de M. de Réaumur.

Rapport de ces huiles à différentes fubftances.

3°. Lorfqu'elles éprouvent quelque tems un degré de chaleur égal à celui du foleil en été , elles deviennent rances , acres , fortes , elles ont un goût d'onguent vul-gairement nommé d'*huile cuite*. La ranci-dité , le goût & l'odeur appellés *fort* font auffi communiqués par la vétufté.

Elles ran-ciffent par la chaleur & la vétufté.

4°. Lorfqu'on les diftille , elles devien-nent des huiles empireumatiques, que des diftillations réitérées peuvent changer en huile *de dipell ,* huile qui, outre les proprié-tés des huiles effentielles éthérées, a enco-re la volatilité de l'éther des chymiftes , qui femble être le principe huileux par excel-

La diftilla-tion réité-rée les cha-ge en hui-les éthérées.

L'éther eſt le principe huileux.

lence ou l'huile principe primitif dont toutes les autres ſont formées, mais dans la mixtion deſquelles, il entre d'autres ſubſtances plus groſſières, qui ne ſont pas eſſentielles à l'exiſtence de l'huile, ne ſervant qu'à ſes caractères ſecondaires, ce que nous démontrerons.

CHAPITRE III.

Différences des Huiles de Chou & de Navette avec l'Huile d'Olive.

L'huile d'olive eſt la meilleure huile graſſe.

1°. N O U S avons toujours pris pour exemple & comparé l'huile d'olive avec les huiles dont il s'agit dans cet Ouvrage, comme étant, lorſqu'elle eſt bien choiſie, la meilleure huile graſſe que nous connoiſſions; ainſi lorſqu'on verra quelque diſſemblance dans la partie de nos huiles comparées, on l'attribuera à leur imperfection.

La meil-

2°. Nous trouvons ſous ce point de vue

aux

aux huiles de Chou & de Navette un goût acre & cauſtique que n'a pas l'huile d'olive. Ce goût ſe décèle un peu à l'odorat ; mais ſurtout dans ce qu'on nomme l'arrière goût, lorſqu'on les ſavoure dans les alimens ou qu'on les garde dans la bouche.

3°. L'huile de Chou & de Navette marchande, même récente eſt déjà un peu rance. L'huile d'olive récente n'a ce défaut que lorſqu'elle a été mal faite, je ne parle pas du goût & odeur propres de ces huiles, ni du goût du terroir ; ces nuances, ces variétés ne peuvent ſe décrire, ni les goûts, odeurs & propriétés des parties intégrantes ſe définir.

4°. Ces huiles dépoſent plus promptement & plus abondamment au fond des vaſes qui les contiennent, un marc mucilagineux qui n'eſt plus miſcible à l'huile ; elles ranciſſent plutôt en veilliſſant ; elles exigent un degré de froid beaucoup ſupérieur à la congellation de l'eau & de l'huile de lin pour ſe congeler ; elles ſont moins

leure huile graſſe.

L'huile de Chou & de Navette marchande, même récente, eſt rance.

Ces huiles dépoſent beaucoup & promptement, elles ſe congêlent difficilement. Elles écument beaucoup.

viſqueuſes & écument beaucoup plus ;
échauffées au même dégré de chaleur.

On la pré-
fére pour
apprêter les
laines.

5°. Elles rouillent le fer & le cuivre
plus promptement, forment plus facilement des ſavons avec des alkalis, & on les
préfère à la bonne huile d'olive pour apprêter les laines & les étoffes de laine,
quand même leur prix ſeroit égal.

CHAPITRE IV.

Analyſe des huiles de Chou & de Navette.

Le princi-
pe huileux
forme les
huiles. Le
ſoufre ſem-
ble être le
principe de
l'huile.

1°. NOus avons dit & nous répétons
qu'il entre dans la combinaiſon des huiles
graſſes, un mixte que nous avons appellé
huile primitive, *huile univerſelle*, car ce
principe huileux paroît être commun à
toutes les huiles, ſans exiſter dans la nature jamais pur & d'une façon iſolée & à
nud : peut-être même pour le découvrir,
il faudroit remonter juſqu'au ſoufre qui

s'élabore & s'atténue dans l'économie végétale au point d'être comme dans les
graiffes , & dans les huiles , combiné
aux principes aqueux dont ces fubftances
abondent.

2°. Quoi qu'il en foit, ce n'eft pas l'objet du problême, ni de fçavoir fi cette huile , que l'art ne peut encore faire , eft
elle - même compofée du phlogiftique ,
d'eau , d'acide & d'une terre ténue, comme quelques analyfes femblent le démontrer. Il nous fuffit de fçavoir que le principe huileux des huiles de Chou & de Navette peut , par des diftillations réitérées,
être féparé de toute autre fubftance , &
être dans cet état de l'huile effentielle
éthérée, ce qui permet au moins de préfumer que cette huile exifte dans l'huile
graffe, mais combinée avec d'autres corps,
qui, dans cet état, mafquent fes propriétés.

3°. Le réfidu de la déflagration , ou le
produit fixe de la diftillation de ces huiles
graffes eft un noir de fumée ou un char-

bon dont la cendre eſt vitrefcible, comme
l'eſt la cendre des ſubſtances végétales éminemment mucilagineuſes & nourriſſantes,
tels que les grains farineux & les ſubſtances émulſives.

Le charbon
des huiles
eſſentielles,
eſt diffé-
rent.

4°. Le charbon fixe des huiles eſſentielles où le volatil qu'on appelle *noir de fumée*, eſt en ſi petite quantité, comparé à
celui des huiles graſſes, & il eſt ſi réfrac-
taire, qu'on voit qu'il manque à leur mixtion des principes qui exiſtent dans celle
des huiles de Chou & de Navette.

Il y a plu-
ſieurs preu
ves de l'exiſ
tence du
mucilage
dans les hui-
les graſſes.

5°. L'abondance du charbon dans l'huile graſſe incendiée ou diſtillée, la vitrefci-
bilité de ſes cendres, ne ſont pas les ſeules
indices d'un mucilage dans ces huiles, comme l'huile éthérée que l'on en retire par
des diſtillations rectifiées, n'eſt pas l'unique preuve que nous donnerons de la préſence de cette huile dans les huiles graſſes.

On en peut
ſéparer par
le moyen
de l'eau.

6°. Ces huiles dépoſent par la vétuſté
ce mucilage, & il y devient alors plus ap-

parent que par leur uſtion, ce qui ſe démontre encore par la fermentation que
ſubiſſent les émulſions. ſéparez les huiles
graſſes, faites évaporer l'eau, & vous ob-
tiendrez un mucilage réel.

7°. On peut d'après ce que je viens de
dire, obſerver que plus ce mucilage eſt
précipité ou extrait, plus les huiles qui le
contenoient précédemment d'une manière
mixtive, & non ſimplement agrégative,
ont acquis de la rancidité & de l'âcreté.
Elles ſont moins conſiſtantes, tenaces,
épaiſſes, filantes & donnent moins de fumée quand on les brûle; en un mot, ces
huiles ſe rapprochent davantage de la qualité des huiles eſſentielles dont on connoît
les goûts âcres & même cauſtiques à meſu-
re qu'elles perdent le mucilage qui les
adouciſſoit. Ce que nous démontrerons
plus clairement dans la ſuite de ce Mémoire.

Les huiles graſſes perdant leur mucilage ſe raprochent de l'état des huiles eſſentielles.

8°. La graine de Chou & de Navette,
ainſi que celle de Moutarde pilée & ap-

Les graines de Chou & de Navette font des ſinapiſmes.

pliquée fur la peau d'un homme vivant, fait un épipaftique rubéfiant, & même vefficant lorfqu'on réitére ou qu'on entretient cette application.

9°. J'ai foumis à la diftilation aux plus légers degrés de chaleur, les femences fraiches, foit de Chou, foit de Navette; elles ont donné pour premier produit mobile, des efprits recteurs ayant l'odeur propre de ces femences, & les qualités pareilles à celui que fournit le *Cochlearia officinalis*, LIN. ou *herbes aux cuillers*, ou à toute la claffe des plantes cruciformes ou tetradynamiques, appellées *Antifcorbutiques*. On avoit cru que cette efpéce d'efprit recteur contenoit de l'alkali volatil. M. Beaumé Apothicaire de Paris & Chymifte éclairé

a parfaitement démontré fur le *Raifort fauvage*, dans fes élémens de Pharmacie, que c'eft un principe huileux qui criftalife dans l'efprit de vin qui en eft faturé. Ce principe eft très-âcre au goût, il irrite les yeux & le nez; brûlé comme le foufre, il en a l'odeur & quelques propriététs, comme sa miscibilité avec les alkalis.

10°. Ce principe âcre & volatil des plantes cruciformes de nature sulphureuses, existe dans le parenchyme des graines de Chou & de Navette, comme le principe amer existe dans l'amande amère & dans la pulpe de l'olive qui est très-amère. Ces substances fournissent néanmoins des huiles douces.

11°. Les huiles de Chou, de Navette, de Sinapi ne font pas epispastiques comme le marc de fes substances, dans lequel le principe recteur réside particulièrement ; mais elles en retiennent une portion, parce que dans cette circonstance les huiles exprimées suivent les rapports & les affinités conséquens à leurs principes en s'unissant avec cet être volatil que je viens de nommer sulphureux & inflammable. C'est ce principe qui caractérise l'odeur propre & particulière de l'huile de Chou & de Navette, l'âcreté & la légère causticité de

E 4

ces huiles qu'il eſt aiſé de diſtinguer dans une huile récente , & qu'il eſt important de ne pas confondre avec la rancidité.

Les huiles é-thérées ſont-elles parfai-tement unies dans les huiles graſſes ?

12°. Dans les diſtillations que j'ai faites des huiles récentes de Chou & de Navet-te avec beaucoup d'eau , je n'ai point cher-ché à mettre à nud & d'une façon iſolée & à part , ce principe volatil : cela eût été impoſſible , les huiles retiennent trop for-tement leur eſprit recteur. J'ai diſtillé d'ail·leurs au degré de chaleur de l'eau bouil-lante , & mon objet étoit de connoître, ſi dans ces huiles les plus récentes & que je venois d'extraire , le principe huileux pri-mitif ou éthéré étoit uni dans les plus juſ-tes proportions avec le mucilage , & ſi l'a-grégation mixtive de ces deux ſubſtances qui paroiſſent ſi peu faites pour être com-binées, ne ſeroit pas lâchée & détruite par l'ébulition de cette huile graſſe avec l'eau.

L'huile graſſe de Chou & de Navette a donné de l'huile éthé-

13°. Le produit mobile a été une eau laiteuſe, ſur laquelle ſurnageoit une pe-tite portion d'huile éthérée , âcre & d'une causticité pareille à l'impreſſion que fait la Moutarde. Je n'ai obſervé d'autre différence entre l'huile éthérée de Chou & celle de Navette, ſinon que la première en a fourni un peu plus.

14°. J'appelle ces huiles *éthérées* d'autant qu'elles ſe vaporiſoient avec l'eau bouillante, & qu'elles ſe ſont diſſoutes dans l'eſprit de vin rectifié ; & qu'à la manière des huilés eſſentielles, cette diſſolution blanchiſſoit l'eau lorſqu'on l'y mêloit, & l'eſprit de vin s'uniſſant à l'eau, abandonnoit l'huile diſſoute qui ſurnageoit.

15°. Chaque fois que j'ai diſtillé l'huile graſſe & cuite reſtante dans l'alambic avec addition d'eau, chaque fois l'ébulition a réuni une portion du mucilage à l'eau bouillante, & il s'élevoit de l'huile éthérée ſuivant les mêmes proportions de la décompoſition.

16°. Cette huile mêlée à petite doſe dans l'huile de Chou & de Navette, l'a rendue âcre, rance & très-déſagréable. J'avois

déjà éprouvé avec le même fuccès le mêlange d'autres huiles éthérées à des huiles
graffes & douces. On les rancit prefque
auffi bien que la vétufté pourroit le faire ,
mais on ne leur donne pas le goût propre
de l'huile , ce qui ne s'opère parfaitement
que par l'huile éthérée de la même fubftance.

La perte
du mucila-
ge que font
les huiles
graffes , a-
mène , leur
rancidité.

17°. J'ai tiré de ces expériences l'axiôme fuivant. Plus l'huile graffe de Chou &
de Navette perd de fon mucilage , plus
elle devient forte & rance ; ce qui eft la
même chofe , que plus on ajoute d'huile
éthérée de Chou & de Navette à ces huiles
graffes , récentes , plus on les rend rances
& fortes. Ce qui conftitue à *priori* & à
pofteriori , un genre de preuve inébranla-
ble fur la caufe de l'altération fpontanée
de ces huiles , qui ne vient que de la pri-
vation de leur mucilage dont le lien d'u-
nion avec l'huile effentielle eft détruit en
partie par les caufes que nous établirons
dans la fuite.

18°. En découvrant cette vérité j'avois perdu de vue le premier objet de ma recherche, qui étoit de fçavoir, fi dans ces huiles graffes les plus récentes tirées fans l'action de la chaleur, fi dis-je, dans la graine même, il y avoit naturellement une huile éthérée furabondante dans fa mixtion au mucilage. L'ébulition avec l'eau, en ayant fans doute développé avec l'eau qui ne l'étoit pas, ou du moins plus qu'il n'y en avoit, puifqu'avec de la patience, j'aurois pû réduire beaucoup d'huile graffe en huile éthérée ; mais j'abandonnai cette voie d'analyfe, & j'appliquai à l'huile graffe vierge & récente, mais retirée de la graine marchande, de l'efprit de vin rectifié & à froid Je fis la même chofe fur de la bonne huile d'olive très-récente.

Y a-t-il de l'huile ffentile dans la graine de Chou ou de Navette ?

19°. L'efprit de vin a diffout fi peu de chofe dans l'huile d'olive, qu'à peine rendoit-il l'eau dans laquelle on la méloit de couleur opale. La même expérience faite fur de l'huile d'olive gardée , mais que

Les huiles graffes contiennent des huiles éthérées.

le goût n'appercevoit point encore rance, fournit à l'efprit de vin affez d'huile éthérée pour blanchir affez fortement l'eau où on le mettoit. L'huile de Chou & de Navette vierge & récente donna au contraire d'abord à l'efprit de vin, affez d'huile éthérée pour blanchir l'eau, & cette blancheur étoit toujours augmentée en raifon de la rancidité des huiles, foit de Chou, de Navette ou d'Olive employées pour ces expériences.

Les graines de Chou & de Navette contiennent de la réfine.

20°. La graine de Chou & de Navette macérée dans l'efprit de vin, donnoit une teinture qui blanchiffoit très-fortement l'eau où on la mettoit. Il y précipitoit même des grumeaux blancs, ce qui indique dans ces femences, non-feulement l'huile éthérée, mais encore que cette huile y eft contenue dans une combinaifon réfineufe, & en effet la teinture évaporée a fourni une réfine.

L'huile éthérée de ces graines pourroit ê-

21°. Les expériences que nous venons d'annoncer, nous portent à croire que

l'huile éthérée soit libre, soit qu'elle pro- tre conte-nue dans leur enveloppe.
vienne d'une réfine ou d'une fubftance
réfino-gommeufe, pourroit être contenue
dans l'enveloppe des femences de ¡Chou &
de Navette, d'où la diftillation ou l'efprit de vin peuvent l'extraire, comme
de beaucoup d'autres femences émulfives, telles que l'anis, les bayes de laurier,
la noix mufcade, &c. dont les enveloppes
contiennent de l'huile éthérée ou des réfines, tandis que la fubftance interne contient de l'huile graffe, & ces deux huiles
s'uniffent enfemble, lorfqu'on les retire
par l'expreffion. La difficulté de féparer,
de raffembler les enveloppes de ces petites
femences m'a empêché d'éclaircir ce fait
que je préfente cependant comme très-
vraifemblable.

22°. Les huiles graffes de Chou & de
Navette retirées de ces femences fans
chaleur & avec toutes les précautions
poffibles pour ne pas les altérer, contiennent donc naturellement une petite por-

tion d'huile éthérée principe d'âcreté &
de rancidité. Le défaut de mucilage fuf-
fifant pour la lier & la combiner toute,
comme dans l'huile graffe parfaite, eft
peut-être, auffi la raifon qui fait que cette huile ne fe coagule qu'à un grand froid.
Les huiles qu'on retire des femences qui
fourniffent en même tems l'huile graffe &
l'huile éthérée, fe coagulent auffi difficilement, & perdent cette propriété en vieil-
liffant. Les huiles éthérées ne fe coagulent
jamais, & leur camphre ou réfine fe précipite au contraire plus en été qu'en hyver. C'eft auffi pourquoi, plus ces huiles
graffes font rances, plus elles font ténues
& limpides, elles filent moins, donnent
moins de fumée en brûlant, & font à pré-
férer dans les préparations des laines, où
l'objet eft de diffoudre des enduits & vernis graiffeux déjà très-mucilagineux, lym-
phatiques, & où par conféquent les huiles
graffes les plus parfaites, auroient moins
d'action diffolvante.

23°. Les huiles de Chou & de Navette les plus parfaites pour les apprêts des alimens & pour faire le savon, seront donc celles dans lesquelles, les principes constitutifs seront unis dans la plus juste proportion. Ce qui sera facile d'obtenir par les connoissances que nous a fourni cette analyse. Nous disons donc qu'elles seront agréables au goût & à l'odorat, si on leur enlève avec le principe âcre & caustique, celui de l'odeur fatigante de Chou & de Navette. Le but du problême sera rempli si l'on fournit le moyen d'empêcher ou de retarder l'altération spontanée de ces huiles, appellée *rancidité*. On iroit au-delà, & on atteindroit la perfection, si l'on pouvoit à peu de frais rétablir une huile détériorée, soit par la chaleur artificielle, soit par la chaleur spontanée, soit par vétusté. On jugera par ce que je vais dire jusqu'où l'expérience soutenue par la théorie m'aura conduit, & quel parti économique, l'on en pourra tirer.

CHAPITRE V.

Méthode pour préparer les huiles graſſes de Chou & de Navette, de manière que leurs principes conſtitutifs ſoient unis dans la plus juſte proportion.

Mauvaiſes qualités naturelles & acquiſes des huiles.

1°. IL faut diſtinguer dans ces huiles les cauſes de leurs mauvaiſes qualités, les unes ſont naturelles, les autres ſont acquiſes. Nous traiterons amplement ci-après de ces dernières : mais dans les cauſes naturelles, c'eſt-à-dire, dans les cauſes des mauvaiſes qualités qu'a l'huile ſortant du preſſoir, il faut diſtinguer celles qui ſont l'effet d'une mauvaiſe manipulation, d'un défaut de précaution & celles qui ſont vraiment inhérentes au ſujet que l'on traite, tel qu'eſt le goût âcre & légèrement cauſtique de ces huiles, l'odeur du végétal, le goût du terroir, dont pareillement nous traiterons ci-après. Nous allons examiner pour

le

le préfent, les vices naturels que ces huiles contractent par les mauvaifes manœuvres que l’on employe pour les faire, parce que ce font ces vices qui s’oppofent uniquement à l’union parfaite des principes conftituans de ces huiles, lorfque, comme il arrive très-fouvent, ces principes font altérés dans la graine même.

2°. Si la graine n’eft pas bien mûre quand on coupe la plante, les principes qui doivent former l’huile ne font point dans leur perfection; on aura moins d’huile & elle fera plus mauvaife. Il faut cependant que la graine ne foit pas dans une fi parfaite maturité qu’elle faffe craindre d’en perdre beaucoup en abattant la plante. Elle fera fauchée dans un beau jour d’été, étendue fur la terre pour qu’elle fèche parfaitement, enfuite mife en meule ou portée à fécher fous un hangar ; mais on aura foin de faire un lit de paille & un lit de plantes, *ftratum fuper ftratum*, pour que l’humidité ne s’y conferve pas ; car fi

Obfervations fur la graine.

Obfervations fur la plante.

Humidité des plantes fource d’altération de la graine.

ces plantes ne font pas fèches, elles s'é-
chauffent, pourriffent, communiquent
une humidité corrompue & chaude à la
femence; le mucilage de la graine, & même celui de l'huile, fubit alors une altération qui le décompofe en partie, ce qui
rompt fon état de combinaifon avec le principe huileux éthéré.

Les graines de Chou & de Navette attirent l'humidité & fe rancif- fent.

3°. Cet accident arrive auffi à la graine
même quand elle n'eft pas bien mûre &
qu'elle eft fermée humide; quand elle eft
gardée en grande maffe accumulée, ou
dans un lieu humide. Cette graine eft de
la claffe des fubftances végétales qui attirent & retiennent l'humidité de l'air, ce
qui fait que cette femence eft elle-même
fujette à la rancidité, lorfqu'elle eft gardée
trop longtems, ou qu'elle l'eft fans précautions, ainfi que l'amande, la noix, l'olive,
la graine de lin, de chanvre & prefque
toutes les femences émulfives, à moins
qu'elles n'ayent fubi la macération que nous
propoferons dans le chapitre fuivant; opé-

ration qui la met à l'abri de cet inconvénient, quand les lavages ont été faits comme il convient.

4°. Lorsque la graine est sèche, il est
dangereux de lui enlever la coque qui la
couvre, soit en froissant la graine, soit en
la faisant tomber de trop haut, soit enfin
par d'autres causes quelconques ; alors l'a-
mande, à nud & à découvert, rancit facilement, & communique son mauvais
goût à l'huile qu'on en retire, & il devient détestable s'il y a eu une certaine
quantité de graines viciées.

5°. Nous avons indiqué dans notre
première Partie chap. 4, sect. 1, les procédés pour conserver la graine saine. Nous
ne faisons que les rappeller ici, & nous
ajoutons seulement qu'il faut que cette
graine soit mise au moulin & au pressoir
pour en tirer l'huile dans l'espace de six
mois au moins. Passé ce tems, son mucilage seroit si sec qu'il ne pourroit pas se
combiner avec l'huile éthérée que nous

avons démontré exifter naturellement libre dans cette femence.

6°. Ne conçoit-on pas aifément que la bourfouflure de la graine fi fouvent réïtérée, & fon defféchement alternatif doivent opérer une fermentation ; que l'altération que produit cette fermentation eft abfolument différente de celle que fon fuc émulfif éprouveroit ? mais elle tendroit à la corruption quoiqu'elle feroit même moins forte que celle que fubit le fuc des fruits renfermé dans leur parenchyme. Cette fermentation eft lente, petite, peu active fi on la compare à la liqueur vineufe qui fe produit lorfque les fucs font raffemblés & agrégés en grande maffe hors des cellules qui les contenoient.

7°. De toutes les manœuvres capables d'altérer & de nuire à la jufte proportion des principes, & à la bonne qualité de ces huiles, la pire & la plus à éviter, eft la méthode que l'on employe généralement dans le pays où j'écris. On humecte la graine mife en pâte au moulin avec un peu d'eau , (on met une livre d'eau fur un *bichet*, cette mefure contient foixante livres péfant de froment,) on fait fortement échauffer cette pâte dans un poëlon de cuivre, torréfier même avant de la mettre au preffoir pour en tirer l'huile, comme s'il ne fuffifoit pas de l'exprimer fimplement , ainfi que je l'ai conftamment fait faire en été , en hyver où l'huile coule plus difficilement , en faifant chauffer les plaques du preffoir par l'intermède de l'eau bouillante. Ne fuffiroit-il pas de mêler au grain moulu un peu d'eau chaude , comme on fait fur la pâte d'olive , ce qui ne formeroit point d'émulfion fi on opére promptement, & enfin de ne chauffer & ne torréfier que le troifième réfultat du moulin, qui fans la torréfaction , ne fourniroit réellement point d'huile à la preffe.

8°. Cette dernière huile, réfultat de ce qui eft forti des dernières preffions, aidé de la chaleur , eft d'une qualité bien inférieure aux premiers produits qui fournif-

sent l'huile *vierge*, mais elle sera réservée
pour les arts ou autres emplois économiques, dans lesquels elle est d'usage telle
qu'elle est. Lorsqu'on employe la chaleur
pour obtenir tous les produits, le premier
même est une huile déjà rance sortant de
la presse : ce que la digestion avec l'esprit
de vin démontre, elle y donne une teinture qui blanchit beaucoup l'eau.

CHAPITRE V I.

Différence de l'Huile vierge récente expri-
mée de la graine macérée, comme il sera
dit ci-après, & comparée avec une pa-
reille huile où l'on a employé la chaleur
& négligé les moyens de conserver la
graine saine.

Qualités de l'huile vierge.

10. L'Huile vierge est plus douce, plus
grasse, plus mucilagineuse & plus filante,
sans retour ou arrière goût, ni de rancidité, ni d'acrimonie, d'un goût appro-
chant celui de noisette, d'une odeur suave

& douce; elle n'a contracté aucune altération quoique expofée au foleil dans un vafe débouché pendant plufieurs mois de l'été & elle n'eft pas devenue moindre depuis ce tems. Telle a été l'huile vierge que j'ai rétirée de la graine macérée ainfi que je le dirai bientôt. Il eft à préfumer que les foins pris pour avoir la plante, la graine & l'huile, n'auroient pas fuffi pour avoir de l'huile parfaite.

2°. Je ne diffimulerai cependant pas que cette huile digérée à une douce chaleur dans l'efprit de vin, a chargé légérement l'efprit de vin, & qu'il a rendu l'eau où je l'ai mêlé un peu blancheâtre ou louche, ainfi que l'a pareillement fait une très-bonne huile d'olive récente. A quoi j'objecterai que l'*abfolument parfait* n'eft pas requis dans l'ordre des objets difcernables par les fens des animaux qui ne font pas affez fubtils pour faifir ces différences d'être qui feroient confidérées abftractivement fans les agens chymiques qui feuls en peuvent marquer les nuances , & que l'union des principes de ces huiles n'en eſt pas moins parfaite relativement à nous.

Qualités de l'huile vierge dont la graine n'a point été macérée.

3°. L'huile vierge que j'ai extraite de la graine marchande qui n'a ſubi aucune préparation , aucune altération , & qui n'a même pas été ſoumiſe à l'action du feu , avoit une odeur aſſez forte après les huit premiers jours & un goût légérement âcre. A peine un mois étoit-il écoulé que celle que j'avois miſe dans des vaiſſeaux débouchés , pour ſervir de piéces de comparaiſon , & expoſés à la chaleur de l'atmoſphère des mois de Juin , de Juillet , a conſidérablement dépoſé de ſon mucilage , & elle étoit alors très - forte & très - âcre. Qu'auroit-elle donc été ſi elle avoit été faite à la manière ordinaire ? Cette altération précipitée indique la néceſſité qu'il y a de travailler ſur la graine même pour la prévenir , c'eſt auſſi ce que nous allons démontrer (1).

----

(1) On lit dans une feuille périodique connue à Londres ſous le titre de *Manuel Regiſter*, que pour perfectionner les

CHAPITRE VII.

Méthode pour rendre les Huiles de Chou & de Navette agréables au goût & à l'odorat, en leur enlevant le principe âcre, caustique & leur goût propre de Chou, de Navette ou de terroir.

1°. CE goût naturel âcre & desagréable qu'auroient peut-être les huiles grasses les plus soignées, & que nous avons avec

L'esprit recteur principe du goût âcre & de l'odeur desagréable.

Huiles, que pour corriger la rancidité qu'elles éprouvent après leur fabrication, il faut les unir à une substance alkaline. Ce procédé seroit peu couteux j'en conviens, & admirable s'il étoit vrai. Les Etudians en Chymie savent ; 1°. que l'alkali quelconque, uni à l'Huile, forme un savon, & par conséquent occasionne un déchet. 2°. Que l'union de l'alkali, loin de perfectionner l'Huile (surtout celle de Chou & de Navette,) loin de prévenir sa rancidité, ou de la diminuer, lui donne une odeur desagréable & augmente celle qu'elle avoit déjà ; comme on le verra ci-après. Ce n'est pas sur l'Huile elle-même qu'il convient de travailler, ce que nous démontrerons bientôt. Les procédés hasardés sur de simples probabilités sont toujours démentis par l'expérience.

tant de raifon, diftingué de la rancidité, provient de l'efprit recteur de cette plante qui eft très - remarquable dans les graines de Chou & de Navette. Il eft auffi le principe de l'odeur propre de ces fubftances. Ce principe eft fort mifcible & adhérant aux huiles, comme chacun le fçait, ainfi qu'à l'eau, à l'efprit de vin ; ce qui établit la théorie des liqueurs parfumées.

Subftance, gommo-réfineufedans les graines de Chou & de Navette.

2°. Indépendamment de ce principe, il en exifte un autre dans le parenchyme même de ces graines que l'huile eft très-apte à fe combiner & à extraire. C'eft une réfine qui dans le parenchyme où elle fe trouve, n'eft pas une réfine pure, mais fous la forme & la combinaifon favoneufe, formant le corps qu'on appelle gommoréfineux. Si on doutoit de l'exiftence de ce principe prefqu'univerfellement répandu dans les végétaux , il faudroit appliquer à ces graines l'éther vitriolique. Il en extrairoit une teinture dont on retireroit la réfine. M. Beaumé en a retiré de

la manne , de la pariétaire , &c. & de beaucoup d'autres corps que l'on ne croyoit pas
en contenir

3°. Nous aurons occasion de revenir sur
cette matière. Il suffit d'observer que les
résines dissoutes ont un goût âcre qui n'est
pas la source de la rancidité dans les huiles grasses , quoiqu'il puisse y contribuer
en partie, & que ce principe n'est pas volatil , de sorte que les lotions des huiles,
leur exposition à l'air & autres procédés
que l'on emploie pour dépouiller les liqueurs de leur principe recteur , seroient
insuffisans pour enlever le principe d'âcreté naturelle de ces huiles.

4°. J'ai beaucoup diminué, pour ne pas
dire presqu'entièrement anéanti , l'existen-
ce de cette âcreté & de l'odeur, ayant fait
germer les graines de Chou & de Navette
dans un terrein sabloneux parce que selon
les observations 'de M. *Dalibard* dans ses
Mémoires sur les Mathématiques & la Phy-
sique. T. I. , les semences des plantes odo-

riférantes qui contiennent toutes de l'efprit recteur & des huiles effentielles, éthérées, ont produit des plantes dénuées de
ces propriétés , quoiqu'on les ait tranf-
plantés enfuite dans une terre plus fertile
& dans laquelle ces mêmes plantes ont coutume de conferver ces propriétés lorfqu'elles y font germées. Cette méthode eft
d'autant plus aifée à fuivre qu'on eft dans
l'ufage de tranfplanter les jeunes plantes de
Chou & de Navette du terrein où les graines ont germé dans celui où on lescultive.
Certainement cette expérience mérite la
plus grande confidération de la part du
Cultivateur. Cependant elle n'eft pas toujours facile à être exécutée par le particulier qui n'a pas des terreins à choifir,
& d'ailleurs, elle ne remplit pas toutes les vues de corrections relatives à cet
objet ; je propofe le moyen fuivant, comme toujours fûr & plus commode.

*La macé-
ration des
graines
dans une*

5°. Il faut faire macérer à froid pendant
trente-fix à quarante-huit heures, les grai-

nes fraîches de Chou & de Navette dans une leſſive de cendre ordinaire, faite à froid, dont le véhicule eſt de l'eau de chaux légére. Une livre de bonne chaux ſuffit pour faire cent livres d'eau de chaux que l'on employe pour leſſiver trois ou quatre livres de cendre plus ou moins, ſuivant leurs qualités alkalines. J'ai employé trois livres de celles du ſarment de vigne. Il ſuffit dans la macération que la liqueur ſurnage un peu la graine. Toute autre diſſolution alkaline faite dans l'eau de chaux, comme de cendres gravelées, de ſoude, de potaſſe remplit le même but. Je n'ai indiqué les cendres que par raiſon d'économie, & l'eau de chaux même n'eſt conſeillée que pour aiguiſer & rehauſſer l'action alkaline, & employer moins de cendres.

6°. Cette graine doit être enſuite lavée dans pluſieurs eaux & miſe de nouveau à macérer pendant dix ou douze heures dans une légere diſſolution d'alun faite à l'eau.

On séchera ensuite très exactement ces graines pour être mises dans le tems indiqué au preffoir. Si l'on négligeoit la lotion dans l'eau, l'huile que l'on extrairoit, seroit très-douce au goût, mais elle sentiroit fortement ou le Chou ou la Navette, suivant la graine que l'on a employée, & sans la précaution de l'exsiccation de la graine, on obtiendroit au preffoir une espèce d'émulsion pâteufe, au lieu de l'huile.

7°. Je conseille d'opérer cette correction sur la graine fraîche, pour éviter les inconvéniens d'une seconde exsiccation, quoique l'expérience réuffiffe de même sur la graine féche. On est bien convaincu que cette préparation ne doit point diminuer la quantité de l'huile, car il n'y a que les solutions alkalines très-concentrées qui puiffent la diffoudre.

8°. Lorsque j'ai appliqué à l'huile même déjà extraite, cette diffolution alkaline, je n'ai obtenu qu'une correction imparfaite. Elle est devenue très-douce à la vérité sans

(95)

aucune efpéce d'âcreté , de caufticité, de rancidité, mais l'odeur de Chou & de Navette s'étoit fortement développée dans ces deux huiles que j'avois employées pour cette expérience : d'ailleurs , ces huiles agitées avec cette liqueur alkaline & même étendues dans beaucoup d'eau , ont une fi grande tendance à l'union favoneufe que ces huiles reftent longtems à s'en féparer, la liqueur conferve la couleur & la confiftance d'une émulfion que l'addition même des acides ne décompofe pas, mais ils y changent finguliérement le goût du Chou & de Navette en celui de noix, furtout dans le premier. Fait particulier auquel je ne m'attendois pas.

9°. J'ai fait un grand nombre d'expériences fur les huiles de Chou & de Navette ainfi que fur leurs graines, quelques-unes m'ont légérement fatisfait fur le point recherché , mais aucune n'a rempli mes vues comme celles que je viens de rapporter. Les autres m'ont feulement affecté par la singularité des goûts, couleurs, odeurs & consistance que ces huiles ont acquis dans les différens mélanges que j'en ai faits avec un grand nombre de substances par les différens agens chymiques de tout genre que je leur ai appliqué. Le succès n'ayant pas confirmé ces recherches, il seroit trop long & inutile de les rapporter ici.

Autre amélioration des huiles & des graines.

10°. La macération des graines dans du vinaigre de vin, la digestion de ces huiles dans l'esprit de vin, dans le vinaigre, dans un mélange d'eau & de vinaigre de saturne, faite à froid, mérite cependant d'être relevée comme ayant considérablement bonifié ces huiles.

L'alkali grand correctif des substances âcres & amères.

11°. La théorie de la correction que je viens d'indiquer des graines de Chou & de Navette par le moyen des dissolutions alkalines, est fondée sur les propriétés qu'ont les alkalis de s'unir & de se combiner facilement avec les esprits recteurs. Ils dissolvent aussi facilement, les substances

résino-

réfino-gommeufe du parenchyme des graines, dans lequel réfide le principe âcre,
cauftique & amer. On connoît la correction de l'Olive fi amêre & fi âcre avant
d'être léffivée ; la coloquinte, l'amande
amère, le maron d'inde, l'oignon de fcille,
de tubéreufe, de colchique, &c. font pareillement plus dulcifiés par les leffives
alkalines, que par les macérations au vinaigre ou à l'efprit de vin, qui les dulcifie auffi, parce que le vinaigre & l'efprit de vin, outre l'efprit recteur qu'ils font
aptes à diffoudre, attaquent encore une
partie de ces corps gommo-réfineux, & ré-
fino-extractifs, comme il eft chaque jour
prouvé dans les procédés pharmaceuti-
ques.

11°. Nous n'établiffons point la dulcification des graines de Chou & de Navette fur la théorie de celle des acides par
les alkalis, parce que nous fommes bien
éloignés de croire qu'il exifte dans ces
graines ou dans les huiles qui en font ex-

Les huiles &
les graines
de Chou &
de Navette
ne contien-
nent point
d'acides
nuds & dé-
veloppés.

G

traites aucun acide libre, nud & développé, le feul cependant auquel les alkalis pourroient s'unir dans ces graines ou dans ces huiles. Nous croyons au contraire que fi les Chymiftes ont apperçu des acides dans les huiles, c'eft en les décompofant par le feu, & s'ils en ont apperçu dans les mucilages & les réfines, c'eft en les analyfant par la fermentation ou la diftillation. On en apperçoit en effet dans les émulfions qui ont fermenté, mais ils font dus à la décompofition & à la nouvelle combinaifon des principes ; ils font un nouveau produit comme l'eft le fpiritueux dans les corps muqueux doux fermenté ; la théorie de l'union du mucilage au principe huileux dans la mixtion d'une huile graffe par le moyen d'un *medium* acide ne peut fe démontrer. L'acide végétal eft trop aqueux pour s'unir avec l'huile.

12°. Si on a retiré des fels neutres des huiles par le moyen des digeftions alkalines, c'eft qu'on a décompofé une portion de l'huile elle-même dans laquelle il entre comme principe , & l'on peut démontrer au contraire qu'une diſſolution d'un ſavon fait ſans addition de ſel marin, fait exprès pour cette expérience & décompoſé par l'addition d'un acide minéral quelconque au point de ſaturer l'alkali, donne un ſel neutre du genre de l'acide employé ſans mélange d'aucun autre , & l'huile qui ſe ſépare & qui ſurnage dans cette expérience , bien loin d'avoir perdu la cauſe de ſa rancidité , que l'on voudroit ſuppoſer dans l'acide, eſt au contraire très-rance & entièrement diſſoluble dans l'eſprit de vin comme une huile éthérée : propriété qui lui eſt acquiſe par la perte de ſon mucilage que l'on retrouve dans l'eau de la diſſolution du ſel neutre de l'expérience citée, & que l'on a beaucoup de peine à ſéparer , lorſqu'on veut opérer la criſtaliſation de ce ſel pour en conſtituer le genre unique. C'eſt dans cette eau de criſtaliſation que j'ai trouvé & reconnu au lieu de

Il entre une
substance
gommo-ré-
sineuse dans
les huiles
grasses.

mucilage ; la substance gommo-résineuse que j'ai annoncé exister dans les huiles grasses.

CHAPITRE VIII.

Méthode pour empêcher les Huiles vierges de Chou & de Navette de devenir rances quand elles seront faites avec toutes les précautions énoncées ci-dessus.

1°. Pour bien connoître les moyens d'empêcher ou de retarder la rancidité d'une huile, il faut examiner les phénomènes de la rancidité dans différentes classes d'huiles en différens degrés de rancidités & les causes qui y concourent, c'est pour quoi il faut absolument entrer dans quelques détails préliminaires & nécessaires à ce sujet.

Qu'est-ce que la rancidité ?

2°. La rancidité est un genre d'altération spontanée ou de fermentation indéfinie, comme tant d'autres classes d'altération , telle que la *pouffe* dans les vins , le *pourri* dans les fruits, le *corrompu* dans les viandes , la *vapeur* des latrines , le *gas* & les *moffettes* des différens genres , le *principe* âcre du beurre fondu , l'*aftrin-gent*, le *verd*, l'*auftere*, &c. & tant d'autres que les moyens chymiques n'ont pû analyfer ni définir. Il eft cependant certain que la rancidité eft un genre de corrofivi-té & d'âcreté propre aux graiffes , beurres , lards , & huiles , furvenue à ces fubftances par la vétufté ou l'action appliquée de la chaleur. Il ne faut pas croire que cette altération métamorphofe l'huile graffe à un tel point qu'on n'y reconnoiffe plus le goût propre du mucilage. Les huiles graf-fes même très-rances ont toujours un goût plat & fade très-dominant, elles ont une odeur forte, défagréable, même indéfinif-fable. Elles irritent la gorge à la maniè-re des huiles effentielles , mais foiblement. Leur goût mucilagineux , leur odeur faf-tidieufe percent toujours.

Les huiles graffes très-rances ne font pas cauftiques & fi âcres que les huiles effentielles.

G 3

Les huiles nouvelles contiennent beaucoup de mucilage.

3°. On obferve que les huiles de Navette & de Chou, vierges & récentes, font plus graffes que celles qui font gardées ; que battues dans l'eau, elles donnent plus de mucilage que les anciennes qui ne font pas rances ; car les huiles rances ont beaucoup précipité de mucilage qui fe diffout en partie dans l'éau quand on l'y agite, mais elles en donnent moins quand on les agite fans leur dépôt.

Il faut laver les huiles nouvelles.

4°. Le mucilage étant le feul corps fermentatif, fi on l'éloigne de l'huile au fond de laquelle il étoit raffemblé en maffe, on éloigne une caufe d'altération. Il faut donc foutirer cette huile un mois après qu'elle eft extraite. Ce n'eft pas la perte de de ce premier mucilage qui altère l'huile, celui-ci étoit pour ainfi-dire furabondant à fa mixtion ; il étoit mêlé du parenchyme & de la fécule des femences, il la rendoit louche & trop graffe. L'huile d'olive vierge s'altère au point qu'il s'y engendre des vers, quand on a négligé de la laver dans l'eau pour en séparer ce mucilage excédent. Il est donc nécessaire de laver pareillement cette huile lorsqu'elle est récente.

5°. Ces huiles contiennent un très-grande quantité d'air libre & d'eau principes ; c'est-à-dire, un air combiné avec les autres principes constitutifs de l'huile. Tous ces principes ont une adhésion lâche entr'eux, parce que ces huiles sont des agrégats surcomposés & présentent trop de différens *Latus* aux agens généraux qui tendent à les désunir, & dans un corps composé & surcomposé, lorsqu'un des mixtes constitutifs vient à manquer ou seulement à être en moindre quantité, les autres mixtes restans changent de façon d'être, & d'une manière plus ou moins marquée.

6°. Lorsque la chaleur, soit naturelle, soit artificielle, agit sur les huiles, elle tend à faire évaporer les parties les plus subtiles, & sans contredit c'est l'air qu'elles contiennent, qui subit insensiblement le premier dégagement , mais lentement quand l'huile n'eſt expoſée qu'à la chaleur de l'atmoſphère & plus promptement quand elle bout. On voit alors ces huiles s'élever en écume, & elles ſont même ſi expanſibles que ſimplement chauffées dans de l'eſprit de vin , elles le ſurnagent , ce qui n'arrive pas avec les huiles cuites.

7°. On voit par ces obſervations combien il eſt eſſentiel de conſerver ces huiles hors de l'activité de la chaleur de l'atmoſphère. Les caves les plus profondes , & celles qui ſont les plus avantageuſes pour aſſurer la durée du vin ſont auſſi les meilleures pour les huiles. On peut encore enterrer dans le ſable les vaſes qui les contiennent. Ce procédé empêche le développement, ſoit de l'air libre, ſoit de l'air principe, car quand il manque à ces huiles , tous les autres mixtes, comme l'huile éthérée , le mucilage , les principes-mêmes de ces mixtes qui ſont eux-mêmes des corps compoſés , ſouffrent des déſu-

nions felon le rapport de la perte du principe enlevé. Le mucilage fe précipite &
l'huile éthérée devenue libre & ifolée, fe
manifefte par fes qualités dans le refte de
l'huile qui n'a pas encore fubi d'altération;
elle eft alors plus aifément évaporée que
lorfqu'elle compofoit l'huile graffe. M.
Sieuve, dans un Mémoire fur les olives
& les huiles d'olive, rapporte que de l'huile renfermée dans un tube de verre de
deux pieds de longueur fur quatre lignes de
diamètre, & bouché avec du liége, avoit
diminué de fix lignes dans l'efpace de
quatre années.

8°. Cela fert encore à expliquer pourquoi les huiles qui fe coagulent par le
froid, ranciffent difficilement dans cet état.
La liquidité & la chaleur font les premières conditions requifes pour le développement de l'air. L'huile graffe cuite n'a
pas un goût fi défagréable que l'huile pro-
prement appellée rance & devenue telle
par vétufté, parce que l'ébulition enlève

Les huiles figées ranciffent peu.

L'huile rance eft plus défagréable que l'huile cuite.

avec l'air l'huile éthérée devenue libre &
plus légére ; le mucilage précipité se com-
bine dans les fritures. L'huile restante au
moyen de la coction , acquiert plus de
consistance, étant par l'ébullition dépouillée de l'huile essentielle éthérée, & le goût
des fritures est moins âcre. Les personnes
dont le goût est exercé , préférent même
l'huile de Chou & de Navette à toutes autres huiles grasses pour ces apprêts, parce-
que la friture en est plus ferme ; mais si elles
les employent pour la première fois, ou si
elles ont resté quelque tems sans employer
ces huiles déjà cuites, elles les font de nouveau bouillir pour dissiper l'huile éthérée ,
& y ajoutent avant de cuire les alimens, du
pain ou tel autre corps spongieux pour
absorber le mucilage libre & isolé.

9°. Il s'èleve dans ces ébullitions une
vapeur si âcre, si subtile, si pénétrante,
qu'il est aisé de juger qu'il n'y a que l'air
qui puisse donner cette activité à l'huile
éthérée qui s'évapore , mais combinée

avec lui; ce qui eſt analogue à la volatilité des vapeurs du vin fermentant appellées *gas* qui ſont dûes à l'action combinée de l'air & du phlogiſtique, qui tous les deux faiſoient partie du mouſt, lorſque la fermentation les rend libres, & que la chaleur les force de s'échapper.

10°. On démontre encore l'air iſolé & libre dans les huiles graſſes, ſous la pompe pneumatique, & par la facilité que ces huiles ont de rouiller le fer & le cuivre. On dira, peut-être, que cette propriété eſt due à l'acide qu'on ſuppoſe dans ces huiles, mais je réponds que les lames de ces métaux plongées & maintenues dans l'huile, ne s'y rouillent, ne s'y diſſolvent pas, ce qui arrive de même quand elles ſont placées dans l'eau; mais ſi elles ſont ſeulement enduites d'huile, elles ſe rouillent bien plus promptement que ſi elles étoient mouillées d'eau, & comme il eſt connu & même démontré que c'eſt l'action combinée de l'air & de l'eau qui dans cette circonſ-

La rouille du fer & du cuivre par l'huile décèle la préſence de l'air libre.

tance fait rouiller le fer, ne peut-on pas conclure que l'air libre que l'huile contient en plus grande quantité que l'eau n'en contient, eſt l'effet de ce phénomène ?

Les huiles rances rouillent encore moins que les graſſes, parce que elles ont perdu en s'altérant une partie de cet air libre, c'eſt pourquoi les Horlogers, les Armuriers les préfèrent aux autres, d'ailleurs elles ſe figent beaucoup moins par le froid.

11°. Les ſubſtances que nous avons juſqu'à préſent nommé *mucilage*, & dont nous avons dit que la précipitation rendoit libre une partie du principe huileux éthéré, & rance l'huile graſſe dans laquelle il eſt mêlé, eſt le corps muqueux doux ou ſucré des végétaux qui ſe trouve abondamment dans les fruits & les graines. C'eſt le ſeul mucilage qui ſoit aſſez élaboré par la nature pour pouvoir former lorſqu'il fermente, le ſpiritueux qui caractériſe les vins. Tous les autres corps muqueux fades ou d'autres genres, comme les gom-

(109)

mes, les farines, mis dans les positions les plus avantageuses, ne sçauroient produire des liqueurs vineuses; puisque si l'on fait des vins avec les grains farineux, il faut qu'on les prenne lorsqu'ils sont doux avant leur parfaite maturité, ou lorsqu'un commencement de germination les a fait parvenir à cet état. se produire des esprits ardent.

12°. Cette règle étant générale, l'émulsion faite avec les semences dites émulsives, pouvant fournir de l'esprit ardent lorsqu'on les distille dans le premier tems de leur fermentation avant qu'elles soient complettement aigries, prouve que ces semences contiennent le corps muqueux doux. Cette assertion est encore prouvée par le corps muqueux doux, tel que le sucre commun, ou celui qu'on retire des fruits ou d'autres substances végétales, qui est le seul de tous les mucilages qui puisse s'unir exactement avec les huiles. Ce mucilage doux est encore le seul intermède végétal capable d'unir l'huile à l'eau. Lors Les émulsions donnent de l'esprit ardent. Le corps muqueux doux se dissout dans l'huile & mêle l'huile à l'eau.

donc que l'on peut faire une émulſion; l'on démontre l'exiſtence de ce corps dans la ſemence émulſive. L'émulſion faite par l'agitation de l'huile & de l'eau eſt momentanée, mais celle où la nature a mêlé le muqueux doux, ne ſe détruit que par la fermentation.

Les ſemences émulſives ne contiennentpas la ſeule ſubſtance ſucrée.

13°. Il n'eſt pas toujours vrai que les ſubſtances émulſives ſoient douces & ſucrées, parce que, outre le muqueux doux, elles peuvent contenir d'autres genres de muqueux, & même les corps extrato-réſineux qui en changent la ſaveur.

Les graines trop fraîches donnent peu d'huile & les vieilles ne ſont pas aſſez graſſes.

14°. La propriété qu'a ce mucilage de mêler l'huile à l'eau, fait, que lorſqu'on met au preſſoir les ſemences émulſives nouvelles ou humides, l'on obtient peu ou point d'huile graſſe libre. C'eſt par la raiſon contraire qu'une ſemence émulſive trop ſèche, n'aura pas ce mucilage aſſez approprié pour s'unir avec toute l'huile éthérée libre ou le corps réſineux qui dans les ſemences, telles que celles de Chou &

de Navette, font comme je l'ai déjà dit, diffolubles dans l'efprit de vin lorfqu'on les y fait macérer.

150. L'exemple de la diftillation des plantes aromatiques fraîches qui fournif-fent l'huile effentielle éthérée par l'intermè-de de l'eau bouillante, confirme encore ce qui vient d'être dit. Elles donnent beau-coup moins d'huile effentielle à procédé égal, & quantité relative à leur eau de vé-gétation que quand on les diftille fèches. Le mucilage de la plante change ce qui eût été de l'huile éthérée, en huile graffe qui ne peut s'élever au dégré de l'eau bouil-lante, ou au moins ces huiles deviennent *hypoftatiques* dans le gluten végétal, & elles ne paroiffentt dans l'extrait que fous la forme d'huile empireumatique lorfqu'on les brûle. L'extrait retiré de ces mêmes plantes qui ont été diftillées fraîches, cet extrait, dis-je, foumis à une feconde diftil-lation après avoir été féché avec foin, fournit encore un peu d'huile effentielle.

Les graines de Chou & de Navette doivent être pressées dans les premiers six mois.

16°. Il est donc à présumer & même l'expérience justifie que la graine de Chou & de Navette doit être pressée au plus tard dans les six premiers mois pour avoir l'huile dans sa perfection. L'eau que l'on emploie dans le pays où j'écris, pour mettre sur la graine moulue quand on la torréfie, est sans doute plus pour humecter un peu son mucilage, que pour empêcher de brûler la pâte de Colsat ou de Navette & dans ce cas l'on amende & corrige en partie par l'augmentation du mucilage, ce que l'on gâte & l'on détruit par l'action de la chaleur Ne vaudroit-il pas mieux exposer cette pâte à la vapeur de l'eau bouillante avant de la presser ?

Plus l'huile grasse est rance plus elle approche de la nature de l'huile éthérée.

17°. Il est bien démontré par l'action de l'esprit de vin, que plus les huiles grasses sont rances, plus elles contiennent d'huile essentielle éthérée ; mais comme il faudroit un grand nombre d'années pour qu'une huile grasse fut changée en éthérée, les huiles les plus rances n'en contenant qu'u-

ne

ne légère quantité comparée à la maffe ref-
tante; il fuit de là , qu'il ne faut pas employer les huiles graffes de cette claffe pour
y conftater l'exiftence de la réfine que
nous y avons annoncée.

18o. Il faut, pour prouver qu'il y a de la
réfine, employer celles qui, outre l'huile
graffe, contiennent auffi l'huile éthérée en
beaucoup plus grande quantité; telles font
les huiles du noyau d'olive , des femences
d'anis, de fénouil, &c. Ces huiles très-vieil-
les ne précipitent plus de mucilage , elles
font folubles en entier dans l'efprit de vin,
& font de véritables huiles éthérées. Dans
cet état, elles commencent à précipiter
une autre efpèce de dépôt bien différent
du premier : celui-ci eft entièrement réfineux , entièrement foluble dans l'efprit
de vin & dans les huiles quelconques. Le
premier dépôt mucilagineux au contraire,
étoit infoluble dans l'efprit de vin & par
les huiles dont il avoit été féparé.

19°. Toutes les huiles effentielles, con-

H

ſe changent en beaume ou en réſine.

nues, ou dépoſent une pareille réſine que l'on a nommée du nom générique de camphre, ou elles s'épaiſſiſſent elles-mêmes en beaume & enſuite en réſine, quand leur huile primitive la plus volatile s'eſt diſſipée. Elles ont perdu dans cet état leur odeur diſtinctive & n'en conſervent qu'une fort irritante & déſagréable.

La réſine eſt le moyen d'union entre l'huil & le mucilage quand elle eſt elle-même unie au mucilage ſous une forme ſavoneuſe.

20°. Cette réſine que contiennent les huiles graſſes & eſſentielles, exiſtoit dans le végétal, elle exiſtoit dans les ſemences émulſives, & indépendamment de la faculté qu'ont les corps mucilagineux de s'unir aux huiles, il eſt à préſumer que le corps réſineux en facilite le moyen, parce que uni dans le végétal avec le mucilage, il formoit un corps homogène de la claſſe des ſubſtances ſavoneuſes appellées gommo-réſineuſes, corps extracto-réſineux, qui peut ſe diſſoudre indiſtinctement dans l'eau ou dans l'huile, mais qui une fois adhérent à l'une ou à l'autre, ne les abandonne que par la vétuſté qui les décompo-

ſe inſenſiblement , en obſervant toutefois
que ſi le corps ſavoneux eſt diſſout dans
l'eau , la réſine ſe précipite la première &
qu'au contraire s'il eſt uni à l'huile ou à
l'eſprit de vin , le mucilage eſt déſuni le
premier en raiſon des affinités qui ne peuvent ſubſiſter long-tems entre des ſubſtances qui ne ſont pas homogènes, & qui ne
ſe trouvent unies que par intermèdes : cela
s'obſerve dans les teintures de ſafran à l'eau
ou à l'eſprit de vin, dans la teinture de
morelle par l'huile qui dépoſe aſſez promptement le mucilage de cette plante & en
conſerve encore la réſine qui eſt le vernis
verd qui la colore.

Les ſubſtances gommo-reſineuſes , ont une u-nion lâche & ſe décompoſent facilement.

21°. Comme les huiles rances , même
les plus fortes , ne contiennent cependant
qu'une petite portion d'huile éthérée libre, & qu'il a été dit qu'une petite portion
d'huile éthérée de Chou & de Navette
rendoit âcre, rance, & très-déſagréable
beaucoup d'huile graſſe récente de Chou
& de Navette, que toute addition d'autre

Un peu d'huile eſ-ſe tielle rancit beau-coup les hui-les graſſes.

huile éthérée aux huiles grasses même en petite quantité , les fait ressembler assez parfaitement à ces huiles rances. On voit par-là, de qu'elle importance il est de ne pas mettre des huiles grasses récentes dans des vases qui auroient contenu des huiles rances sans les avoir nétoyés avec le plus grand soin. La lessive de cendre & les cendres elles-mêmes sont employées avec succès à cet effet. Il faut de plus passer de l'esprit de vin ou de froment dans les vases qui doivent contenir l'huile avant de les refermer , & les boucher exactement. Il faut encore nétoyer avec le plus grand soin le moulin & le pressoir , & en général tous les instrumens employés , surtout s'il y a longtems qu'ils n'ayent pas servi. La malpropreté, la négligence des Trouilleurs d'huile sont impardonnables , & exigeroient toute l'attention du Magistrat.

2°. Le mucilage se précipite au fond … il y est libre, nud & agrégé … que l'on appelle *marc* ou *féces* , &

ce mucilage n'eſt tout au plus que bar-bouillé par l'huile qui peut à la vérité re-tarder ſa fermentation, mais non pas l'em-pêcher. Ce marc ainſi rapproché fermente inſenſiblement & porte dans l'huile ſurna-geante une exhalaiſon qui n'eſt peut-être en ſoi qu'une vapeur huileuſe, (mais rap-prochée par la fermentation) de l'état de l'huile éthérée, ce qui la rend très-pro-pre à opérer la rancidité.

23°. On a imaginé pluſieurs moyens pour prévenir la fermentation de ce marc & ces effets. Le plus prompt & le plus ſimple ſans doute, ſeroit de ſoutirer ſou-vent les huiles ; mais la crainte d'en per-dre, l'avarice & la négligence s'oppoſent toujours à l'emploi de ce moyen.

24°. Si on a pu imiter artificiellement des eaux minérales aérées, vulgairement connues ſous le nom d'acidules, il eſt poſ-ſible ſans doute de reproduire l'air dans une huile graſſe qui le perd journellement. Il ne faut pour empêcher cette ſéparation

Il faut ſou-tir e ſou-v nt.es hui-les.

Méthode pour repro-duire l'air dans les hui-les qui le perdent.

H 3

& le dépôt de son mucilage, il ne faut, disons-nous, que renfermer dans le fond du vase avec l'huile, une éponge trempée dans une pâte un peu liquide formée d'un mélange de deux parties d'alun en poudre, & d'une de craie de Champagne ou de toute autre terre absorbante, qui aura plus d'affinité avec l'acide vitriolique de l'alun que sa terre argilleuse n'en a avec elle-même. Il se formera une nouvelle décomposition & une combinaison lente de ces sels, mais comme il ne se fait dans ce genre aucune nouvelle union qu'il ne se dégage en même tems beaucoup d'air, cet air se mêlera à l'huile à mesure qu'il s'échappera. Ce seroit une erreur de penser que ces sels & ce mélange peuvent altérer la qualité de l'huile, ils sont tous Les sels sont indissolubles dans l'huile. insolubles dans l'huile, la présence de l'huile qui enveloppe ces sels, les rend encore plus lents dans leur réaction. Il ne se produira donc de l'air qu'insensiblement & seulement pour fournir à la perte que l'hui-

le en pourra faire. Si, malgré cet avantage, l'huile faisoit encore un dépôt mucilagineux, ce dépôt étant répandu dans les
cavités & les cellules de l'éponge, se trouve en plus petites masses rassemblées, il est
par cette raison moins disposé à la fermentation : d'ailleurs ces sels sont connus pour
être les antiseptiques les plus assurés, &
l'expérience que l'on a depuis quinze ans
de ces éponges préparées pour éloigner la
rancidité des huiles d'olives , démontre
qu'on peut s'en servir avantageusement
pour celles de Chou & de Navette. Il
faut chaque année enlever ces éponges
chargées du dépôt qu'elles contiendront,
les laver, les nétoyer & les préparer de
nouveau ; je conseillerois encore de laver
pareillement & d'agiter les huiles avec une
dissolution d'alun dans l'eau, c'est un sel
neutre avec une surabondance d'acide qui
par conséquent est très-propre à s'unir à la
terre du mucilage décomposé. C'est par cette propriété que l'alun clarifie l'eau bour-

H 4

beufe dans laquelle on le mêle, qu'il éloi-gne & prévient la pouffe des vins de mauvaife qualité. Nous partions d'après ces notions lorfque nous avons fait laver dans l'eau alunée, les graines de Chou & de Navette qui avoient été macérées dans la folution alkaline , c'étoit pareillement pour empêcher la rancidité de commencer dans la graine même. Il eft à préfumer que ces fubftances alunées pouvant fe con-ferver très-longtems fans altération , font moins fufceptibles de recevoir l'humidité , car l'alun eft un fel efflorefcent. L'alun ne peut altérer la qualité de l'huïle , il y eft indiffoluble , & ne s'attache tout au plus qu'au mucilage dont les principes aqueux ont plus d'analogie avec lui. La rancidité des huiles corrigée par l'alun prouve encore que ce n'eft pas l'exiftence ou le développement des acides dans les huiles graffes , qui les font rancir, parce que l'alun eft un fel neutre éminemment acide puifqu'il ne peut diffoudre les terres abſorbantes ainſi que pluſieurs métaux.

25°. Je ne ſaurois trop m'élever contre cette théorie, parce qu'elle eſt généralement répandue, & que des gens d'ailleurs très-inſtruits l'ont adoptée ſans fondement. En effet ſi les acides minéraux coagulent les huiles graſſes, & leur donnent la rancidité ; c'eſt que ces acides réagiſſent, comme font les alkalis, ſur le mucilage de ces huiles en même tems que ſur elles. Cette altération les fait rapprocher des qualités des huiles éthérées. C'eſt pourquoi ces ſavons acides ſont ſolubles en partie dans l'eſprit de vin, comme l'huile que l'on retire de la décompoſition du ſavon.

L'alun ſuſpend & diſſout la terre du mucilage dans les huiles dans les vins & les eaux bourbeuſes.

26°. Il eſt encore une méthode pour empêcher les huiles de rancir, c'eſt d'y ajouter une plus grande quantité de mucilage doux qu'elles n'en contiennent ordinairement, pour parer d'avance à la perte qu'elle en feront dans la ſuite. Le ſucre eſt la ſeule ſubſtance qui puiſſe être employée avec facilité. Il le faut faire diſſou-

le ſucre empêche les huiles de rancir en ſuppléant au mucilage dépoſé ou à celui qui manque.

dre par trituration à froid dans une portion
d'huile pour être mêlangé enſuite dans la
maſſe reſtante. Les proportions qui m'ont
paru les plus convenables ſont de ſix onces
de ſucre ſur cent livres d'huile, mais ſi l'huile
eſt déjà rance ou qu'elle n'ait pas été faite
avec nos précautions indiquées, cette méthode nuit au lieu d'être avantageuſe, car
le ſucre développe encore plus le goût &
l'odeur qu'elles pouvoient avoir.

Le ſucre dé-
veloppe da
vantage l'o-
deur & le
goût des
huiles ran-
ces.

CHAPITRE IX.

Méthode pour corriger la Rancidité des huiles graſſes.

1º. TOUTES les méthodes pour corriger la rancidité d'une huile très-rance,
très-forte, ſe réduiſent ſuivant la théorie
que nous en avons établie, à enlever de
cette huile le principe de l'odeur déſagréable que nous avons démontré réſider dans
l'huile éthérée & dans les réſines miſes à

(123)

nud par la précipitation & l'abandon du mucilage. Je n'ai trouvé que les efprits ardens capable d'opérer cet effet fans inconvénient & même fans que le procédé foit difpendieux comparé avec l'avantage qui réfulteroit de la bonification de l'huile.

2°. J'ai fait chauffer de l'huile très-rance environ une livre féparée de fon dépôt, foit de Chou ou de Navette dans un matras de verre à long col , fur les cendres chaudes & tamifées. L'huile étoit furmontée de deux doigts par l'efprit de vin. J'agitai fortement le vafe quand elle eut perdu beaucoup de bulles d'air & quand toute la maffe fut affez chaude pour faire frémir l'efprit de vin fans le faire bouillir, je féparai alors l'huile de l'efprit de vin pour ajouter de nouvelle huile, & cet efprit de vin enleva à toutes deux le principe de l'odeur de la rancidité. Ces huiles font devenues limpides, moins colorées, & n'avoient aucun mauvais goût ni odeur défagréable.

Procédé pour donner a l'esprit de vin sa pureté première.

3°. L'esprit de vin que l'on a employé dans ce procédé qui est chargé d'huile éthérée & peut-être de résine, n'est ni perdu ni altéré en le traitant ainsi qu'il suit. Il faut l'étendre dans six parties d'eau de chaux légére, séparer l'huile éthérée qui surnage cette eau après ce mêlange, la filtrer sur de la chaux lessivée. Cette eau déposera son principe huileux, & par la distillation, on retirera & on séparera l'esprit de vin de l'eau dans laquelle on l'avoit mêlé, alors il est aussi pur & aussi inodore que dans son premier état.

On peut faire un objet d'lucre en entreprenant de dulcifier les huiles rances.

4°. On conclura que la dépense & les pertes ne seront pas considérables, si on se rappelle que nous avons dit, que les huiles les plus rances contiennent très-peu de cette huile éthérée. Il faudra donc employer peu d'esprit de vin pour la dissoudre, & quand cette opération sera faite en grand, elle sera alors lucrative relativement aux prix de ces huiles douces ou rances, & aux moyens indiqués de conserver l'esprit de vin.

(125)

5°. La chaleur que l'on fait fubir à l'huile dans cette opération eft peu confidérable. Je l'ai d'ailleurs réitérée à froid avec
une plus grande quantité d'efprit de vin,
fans y trouver un amendement bien avantageux, car nous avons démontré que l'altération qu'elle eft fufceptible de prendre
par l'action de cette chaleur douce, trouve
en même tems fon correctif dans l'efprit de
vin.

6°. Ces huiles ainfi corrigées, confer-
vent pendant plufieurs jours une fenfation
fraîche lorfqu'on les goûte & une légére odeur d'efprit de vin qui ne leur nuit
pas lorfqu'on veut les conferver, mais qu'on
peut diffiper par des lotions réitérées s'il
faut les employer tout de fuite. L'on aura pas befoin, difons-nous pour la derniere
fois, de recourir à ce moyen de correction
pour l'huile rance fi on employe ceux
qui font indiqués pour l'empêcher de rancir. Ils font fimples ; améliorez la graine &
manœuvrez pour extraire l'huile fuivant la
théorie que je viens d'établir.

RÉCAPITULATION.

GÉNÉRALE.

Plusieurs Agronomes confondent mal-à-propos l'espece de Chou nommé Colsat, avec celle de la Navette, voyez leurs caractères distinctifs & spécifiques pris dans leurs racines, leurs feuilles, leurs fleurs.

Première Partie.

LE terrein le plus avantageux à la culture de ces plantes est celui qui est composé d'une bonne terre végétale, légère, cependant forte & qui a un bon pied de profondeur. Les terreins trop gras, trop argilleux & qui retiennent l'eau, sont nuisibles à leur végétation; ces plantes y pourrissent, leurs tiges filent, montent & prennent peu de consistance; dans les sols caillouteux, sabloneux, &c. la graine est petite, l'écorse dure, coriace, & la pulpe de l'amande est racornie.

On connoît deux méthodes de cultiver ces plantes, ou en les femant en pépinères, ou en les femant comme les autres menus grains après la récolte du bled.

Les pépinières offrent les avantages fuivans, la facilité de choifir le terrein, de le défoncer, d'y multiplier les engrais & de les farcler fouvent. Les femences y germent facilement, ce qui eft effentiel, furtout pour le Colfat blanc. Les plans s'y fortifient promptement, ils craignent moins les intempéries de l'hyver fuivant, enfin, comme l'efpace qui forme la pépinière n'a pas beaucoup d'étendue, il eft facile de multiplier les fecours qu'elle demande.

La méthode de femer le Colfat & la Navette, comme les autres grains, après que le bled eft coupé, eft moins difpendieufe, puifque les femences une fois forties de terre n'exigent d'autres foins que d'être farclées. Les travaux propres à cette culture font de donner à la terre une quantité fuffifante d'engrais, à labourer le

terrein, à femer, à herfer & à farcler fouvent.

Celui qui femera en pépinière & qui
voudra avoir de l'huile douce & dépouillée
du goût âcre qui caractérife toujours celle
du Colfat & de la Navette, choifira un
terrein fabloneux, il le travaillera à la bêche, le divifera en planches & il pratiquera une efpèce de foffé entre chaque planche. Ses tables feront femées à la main,
en obfervant que les grains ne foient ni
trop près, ni trop ferrés & il femera dans
le mois de Juin ou de Juillet, fuivant la
température du pays qu'il habite. Si ce
propiétaire a femé dans un terrein fabloneux, il aura foin d'arrofer la pépinière
fuivant l'exigence du cas, & il tranfplantera les plans de Colfat & de Navette dès
qu'ils auront acquis une confiftance affez
forte ; le terrein deftiné à recevoir les plans
enlevés de la pépinière, aura auparavant
été labouré dans le tems que la terre
n'eft ni trop fèche ni trop humide. Le premier

mier labour fera donné en Juin ou d'abord après que la récolte en bled fera enlevée, & l'engrais fera auſſi-tôt enfoui après ce premier labour. Le ſecond fera donné en Août, en obſervant que les ſillons croiſent obliquement les premiers. Le travail fait à la bêche vaudra mieux que tous les labours.

L'Automne eſt le tems le plus avantageux pour replanter le Colſat & la Navette, & on replantera, s'il eſt poſſible, dans un jour diſpoſé à la pluie. Un ſoin eſſentiel à avoir, eſt de ne point endommager les feuilles, d'enlever les plans avec la terre adhérente aux racines, de ne point les couper ni les châtrer ſuivant la manière barbare des Jardiniers; mais au contraire, de les conſerver ſcrupuleuſement. On rejettera tous les plans mal venus ou tarés, & les ſeuls bons ſeront plantés à la diſtance de quinze à dix-huit pouces les uns des autres. Cette plantation n'exige plus aucun ſoin juſqu'à la récolte, ſinon de regarnir dans le commencement les places vuides , & d'enlever les mauvaifes herhes dès qu'elles paroîtront : précaution effentielle fans laquelle elles étoufferoient bientôt les jeunes plans. Il eft de fait que les plans de Colfat & de Navette élevés en pépinière, & enfuite replantés font plus forts , plus vigoureux , & qu'ils donnent une quantité beaucoup plus confidérables de graines ; ainfi les dépenfes occafionnées par les pépinières, font amplement retrouvées dans la quantité d'huile qu'on obtient.

Le changement de couleur de la plante annonce fa maturité , & pour cueillir la graine , il ne faut pas attendre que les filiques s'ouvrent d'elles - mêmes ; la récolte feroit perdue. On coupera la plante avec une faucille bien tranchante pour éviter les fecouffes ; on la laiffera au foleil pendant quelques jours, expofée fur terre ; enfuite elle fera mife en meule. Il vaudroit beaucoup mieux avoir des hangars bien

aérés fous lefquels elle fécheroit jufqu'au tems de fa battue , & lorfque cette graine le fera, on la paffera par différens tamis pour la féparer de la pouffière
& des autres ordures qui attirent l'humidité.

Lorfque la graine fera nette, on la portera dans un grenier, & on l'étendra fur
des linges, obfervant de lui donner le plus
de furface qu'il fera poffible pour la faire
parvenir à une prompte & parfaite defflic-
cation.

SECONDE PARTIE.

LEs femences émulfives font les feules
qui donnent des huiles graffes , & ces
huiles graffes different des huiles effentielles. L'huile graffe exifte toute formée
dans le végétal, & elle eft toujours dans
l'intérieur des femences; c'eft-à-dire dans
leurs deux lobes ; les huiles effentielles

I 2

au contraire n'ont point de fiége fixe dans les végétaux , & y varient par leur façon d'être.

Les huiles de Chou & de Navette ont beaucoup de rapport avec l'huile d'Olive, qui nous fert de point de comparaifon : comme elle, elles font fluides, tranfparentes, mifcibles aux autres huiles , aux beurres , graiffes , cires , réfines , &c. & elles rancifſent par la chaleur & la vétufté.

L'huile d'Olive eft la meilleure huile graffe connue, & la meilleure huile de Chou & de Navette eft âcre. Cette derniere dépofe beaucoup & promptement ; & extraite de la graine marchande , même récente, elle eft rance.

Pour découvrir la caufe de cette acrimonie, de cette rancidité, il faut de toute néceffité remonter aux principes conftitutifs de ces huiles. Les huiles graffes de Chou & de Navette contiennent une huile effentielle , ce qui eft prouvé par la différence des charbons qui reftent après leur uſtion; ces huiles graſſes perdant peu à peu leur mucilage, ſe rapprochent à la fin de ces mêmes huiles eſſentielles; elles contiennent encore un eſprit recteur & ſulphureux : cet eſprit recteur réſide dans le parenchyme de la graine, & par l'expreſſion de cette graine, il s'unit en partie avec l'huile graſſe.

Le goût âcre & légérement cauſtique des huiles eſſentielles & de l'eſprit recteur ne doit pas être confondu avec le goût rance que les huiles de Chou & de Navette ont preſque toujours. Si on diſtille les huiles graſſes chargées d'eau, l'eau bouillante en ſépare l'huile eſſentielle & le mucilage; ſi on prend ſéparément cette huile eſſentielle, & ſi on l'ajoute à petite doſe à de l'huile de Chou & de Navette même récente, on la rend âcre & déſagréable : ſi on ſépare ou bien ſi on prive de leur mucilage les huiles de Chou & de Navette, la rancidité ne tarde pas à paroître. Outre les huiles eſſentielles & l'eſprit recteur, les huiles graſſes de Chou & de Navette contiennent encore une ſubſtance réſi-neuſe.

Tels ſont les principes conſtitutifs de ces deux huiles qu'il étoit de la dernière importance de connoître afin de parvenir à les dépouiller des principes qui leur ſont nuiſibles, & afin de conſerver ceux qui leur ſont avantageux.

Les huiles de Chou & de Navette re-connoiſſent deux cauſes de leurs mauvai-ſes qualités. Les unes ſont naturelles & les autres ſont acquiſes. 1°. La maturité in-complette des graines quand on coupe la plante. 2°. Si la plante coupée reſte trop longtems étendue ſur terre, & ſurtout dans un tems pluvieux. 3°. Si l'humidité la pé-nétre quand on l'a miſe en meule ; 4°. ſi la graine portée dans le grenier a pompé l'humidité de l'air, elle y rancira facile-ment de même que ſi on lui a enlevé ſon écorce : ces graines ranciſſent comme les fruits pourriſſent ; 5°. ſi on a fait chauffer la graine avant de la mettre fur le preffoir.

On jugera facilement de ces mauvaifes qualités fi on compare l'huile vierge récente extraite de la graine macérée, comme je vais le dire, avec une pareille huile où l'on aura employé la chaleur pour l'extraire, & où l'on aura négligé les moyens de conferver la graine faine. Ainfi fi on veut avoir une huile parfaite en ce genre, il faut détruire l'efprit recteur, qui eft le principe du goût âcre & de l'odeur défagréable (ce qu'on doit bien diftinguer de la rancidité) il faut également détruire la fubftance gommo-réfineufe qui communique encore l'âcreté. La germination des graines dans un terrein fabloneux, enlève en partie cet efprit recteur : mais un moyen toujours fûr, toujours efficace pour détruire les principes nuifibles, eft de faire macérer les graines dans une leffive alkaline qui corrige les deux fources d'âcreté de ces huiles.

Après trente fix ou quarante-huit heu-

res de macération à froid dans cette leffive alkaline, on lavera ces graines & enfuite on les mettra pendant dix à douze
heures dans une eau alunée. Ces eaux doivent furnager les graines à la hauteur d'un
pouce ; après cette double opération on les
lavera enfuite exactement dans l'eau ordinaire, on les étendra & on les mettra fécher jufqu'au tems où on voudra les envoyer au prefloir. L'économie exige qu'elles foient preflées auffi-tôt qu'elles feront
féches, & il ne convient pas de les garder
plus de fix mois.

Pour conferver l'huile que vous extrai-
rez de ces graines, lavez-la ; quelque tems
après foutirez-la de deflus fon dépôt ; con-
fervez-lui fon air principe & fon air furabondant, impregnez-la d'un air nouveau de
la manière que j'ai indiquée ; tenez-la dans
des caves fraîches & en tout femblables
aux meilleures caves pour conferver le vin;
enfin lavez fcrupuleufement les vaifleaux
qui doivent la contenir & paflez enfuite

dans ces vaiſſeaux un peu d'eſprit de vin ou de froment ; il eſt eſſentiel de tenir ces vaiſſeaux parfaitement bouchés, ce qui eſt totalement oppoſé à la coutume ordinaire. Quelques perſonnes peu inſtruites pourroient penſer que la ſubſtance alkaline ou l'alun ſeroient capables de faire contracter aux huiles des qualités nuiſibles à la ſanté ; la preuve du contraire que nous avons donnée va juſqu'à la démonſtration.

Ce n'eſt pas aſſez d'avoir dépouillé ces huiles de leur mauvais goût, de leur odeur déſagréable, enfin de les avoir rendues ſonnes pour tous les uſages économiques, il faut encore les corriger quand elles ſont devenues rances.

L'huile eſſentielle, les réſines miſes à nud par l'abandon du mucilage ſont le principe du goût & de l'odeur déſagréables. L'eſprit de vin ou de froment les corrige à peu de frais. Pour cela, faite légérement chauffer l'huile, ajoutez de l'eſprit de vin, agitez le vaiſſeau quand

l'efprit de vin frémira fur l'huile , féparez
cette huile de l'efprit de vin, & ajoutez-en
de nouvelles. On peut également faire
cette opération à froid. Cet efprit de vin
chargé de l'huile éthérée & peut-être de
la réfine, n'eft pas perdu. Voyez le procédé indiqué pour le retirer de tout corps
étranger, & auffi net qu'il étoit avant
d'être employé.

Ces huiles ainfi corrigées gardent pendant plufieurs jours une fenfation fraîche
lorfqu'on les goûte, & elles ont une légére odeur d'efprit de vin qui n'eft pas défagréable , & qu'on peut cependant lui enlever par des lotions réitérées dans l'eau
ordinaire fi on veut les employer tout de
fuite. Cette correction de la rancidité des
huiles donneroit un bénéfice confidérable à celui qui, après s'être exercé, l'en-
treprendroit dans le grand.

Il paroît plus que probable que tout
ce qui vient d'être dit fur les graines de
Chou & de Navette , fur leur culture ,

leur récolte, leur defficcation, leur préparation, fur la manière d'en extraire l'huile, de la conferver, &c. &c. peut s'appliquer à toutes les graines que fourniffent les plantes à fleurs cruciformes. Nous invitons ceux qui aiment le bien public de faire des expériences que nous ne fommes malheureufement plus dans le cas de tenter, & nous les prions de nous faire part de leurs découvertes.

F I N.

TABLE

DES ARTICLES.

PREMIERE PARTIE.

TABLE ij

SECONDE PARTIE.

Uelle eſt la meilleure méthode de faire les huiles graſſes de Colſat & de Navette, pourqu'elles ne ſoient point déſagréables

---

Nota. Page 35 , Chapitre I I I , *lisez*, Chapitre IV.

Page 49 , Chapitre I V , *lisez*, Chapitre V.